Ochieng' Ahonobadha

Acesso a terminais de autocarros no Quénia Ocidental por pessoas com deficiência física

Ochieng' Ahonobadha

Acesso a terminais de autocarros no Quénia Ocidental por pessoas com deficiência física

Imprint

Any brand names and product names mentioned in this book are subject to trademark, brand or patent protection and are trademarks or registered trademarks of their respective holders. The use of brand names, product names, common names, trade names, product descriptions etc. even without a particular marking in this work is in no way to be construed to mean that such names may be regarded as unrestricted in respect of trademark and brand protection legislation and could thus be used by anyone.

Cover image: www.ingimage.com

This book is a translation from the original published under ISBN 978-3-330-34812-7.

Publisher:
Sciencia Scripts
is a trademark of
Dodo Books Indian Ocean Ltd. and OmniScriptum S.R.L publishing group

120 High Road, East Finchley, London, N2 9ED, United Kingdom
Str. Armeneasca 28/1, office 1, Chisinau MD-2012, Republic of Moldova, Europe
Printed at: see last page
ISBN: 978-620-7-39590-3

Índice

Agradecimentos

Um agradecimento especial a Steve Olang' e Jackson Opany pela sua ajuda no desenho dos mapas que foram aqui utilizados. Este trabalho não teria ficado completo sem o contributo dos inquiridos. Estou em dívida para com os alunos com deficiência física que partilharam livremente informações sobre as barreiras em terminais localizados no Quénia Ocidental.

Também saúdo os directores, vice-directores e professores das seguintes escolas especiais por me permitirem aceder aos inquiridos que forneceram informações valiosas sobre o estado do acesso aos terminais de autocarros: Escola Primária de Nalondo, Escola Secundária de Nalondo, Escola Primária Joy valley Kamatuni, Escola Primária Joyland, Escola Secundária Joyland, Escola Especial Daisy e Escola Primária Nyaburi. Por último, gostaria de agradecer aos informadores-chave que se encontravam espalhados por quatro condados (Kisumu, Kakamega, Kendu bay e Bungoma) pelos seus contributos e comentários perspicazes sobre o processo de conceção dos terminais na área de estudo.

Resumo

A consideração do modelo normativo por parte dos designers leva geralmente à produção de espaços habitacionais que não satisfazem a maioria dos requisitos espaciais dos futuros utilizadores. Este fenómeno surge devido ao facto de o modelo normativo manter um corpo andante e carnudo no centro da reflexão sobre o design. Como resultado, o modelo não considera os requisitos espaciais adicionais para corpos que utilizam tecnologias para navegar no espaço. Para se sustentar, o modelo normate baseia-se na impressão de que os normates são corpos normais, médios e maioritários. Quando os espaços construídos bloqueiam os potenciais utilizadores, o ponto de vista que é reforçado é o de que certos espaços se destinam apenas àqueles que são "privilegiados" por utilizarem esses espaços de forma independente. A presença de espaços acessíveis, por outro lado, confirma que os designers defendem que os ambientes construídos devem servir todos os potenciais utilizadores, independentemente da sua estatura física. O Design Universal fornece assim uma plataforma para tornar forte a pessoa mais fraca da sociedade através do design. A adoção de uma perspetiva de Design Universal torna-se assim um trampolim para a criação de espaços públicos acessíveis a todos, independentemente da estatura física. Assim, este estudo avaliou a acessibilidade dos principais terminais de autocarros na zona ocidental do Quénia a pessoas com deficiência física. O estudo também investigou a incorporação de parâmetros de Design Universal no processo de design de espaços públicos em terminais de autocarros localizados na parte ocidental do Quénia. O estudo estabeleceu que os requisitos de Design Universal são normalmente executados apenas em novas construções. Por conseguinte, é necessário efetuar grandes renovações nos edifícios abertos ao público que não são necessariamente classificados como "novas" construções.

Palavras chave:

Desenho Universal, Prática de Planeamento, Terminal de Autocarros

Definições operacionais

i. Acessibilidade: A facilidade com que uma pessoa é capaz de se aproximar, entrar e utilizar as instalações de forma independente. A acessibilidade é reforçada pela presença de um caminho contínuo e desobstruído que ligue todos os elementos e espaços sem barreiras num edifício ou terminal.

ii. Ambulante: Pessoa que pode andar de um sítio para o outro sem ajuda.

iii. Comodidades - Lugares sentados e casas de banho nos terminais de autocarros. Estas são as zonas abertas ao público.

iv. Vias de circulação: Desembarques e passeios em terminais de autocarros. As vias de circulação são utilizadas pelos viajantes no início e no fim das viagens para chegarem a vários pontos dos terminais.

v. Barreira de conceção - Atributos físicos dos edifícios e das instalações dos terminais de autocarros que, pela sua presença ou ausência, apresentam condições de insegurança e/ou impedem o acesso e a livre mobilidade nos edifícios e instalações e nas suas imediações.

vi. Deficiência: Qualquer deficiência física, sensorial, mental, psicológica ou outra, condição ou doença que tenha um efeito substancial ou a longo prazo sobre a capacidade de um indivíduo para realizar actividades quotidianas normais.

vii. Ponto de entrega: locais para os passageiros descerem dos veículos de serviço público. Estes pontos eram os primeiros pontos de intersecção entre os alunos e o terminal principal no qual terminavam a viagem para a escola. Os pontos de entrega também marcam a transição dos alunos de viajantes para peões.

viii. Alunos com deficiência física: Crianças matriculadas em escolas especiais. As mãos e as pernas destes alunos têm deficiências e, consequentemente, têm dificuldade em deslocar-se.

ix. Terminal principal: Um terminal de autocarros que facilita o intercâmbio entre veículos quando os viajantes fazem viagens de longo curso. Um grande terminal funciona como uma estação de transferência de um veículo para outro.

x. Terminal menor: uma simples paragem de autocarro onde os viajantes terminam a sua viagem.

xi.   Modelo normado: design baseado num corpo andante e carnudo no centro do pensamento sobre design.

xii.   Exclusão espacial: Segregação das pessoas dos espaços públicos. Ocorre quando um determinado espaço não permite um acesso fácil.

xiii. Desenho universal: A conceção de ambientes, produtos e instalações de modo a que possam ser utilizados por todas as pessoas, independentemente da sua estatura física.

1. Introdução

1.1. Questões relacionadas com a deficiência

Uma compreensão plena da deficiência reconhece que esta tem uma forte dimensão de direitos humanos e está frequentemente associada à exclusão social, a uma maior exposição e vulnerabilidade à pobreza. A deficiência física é o resultado de interacções complexas entre as limitações funcionais decorrentes da condição física, intelectual ou mental de uma pessoa e o ambiente social/físico. Tem múltiplas dimensões e é muito mais do que um problema médico ou de saúde individual (Elwan, 1999). A conceção do ambiente físico tem um impacto positivo ou negativo, dependendo do facto de o ambiente em causa permitir ou inibir o acesso de todos. A definição de deficiência é complexa e controversa. Apesar de resultar de uma deficiência física ou intelectual, a deficiência tem implicações sociais e de saúde. Gleeson (2004) define a deficiência física como uma condição que limita a mobilidade, reduz a resistência e inibe a capacidade de uma pessoa manipular o ambiente dentro dos limites considerados normais.

A deficiência agrava a pobreza, aumentando o isolamento e a tensão económica, não só para o indivíduo, mas também, muitas vezes, para a família afetada (Despouy, 1993). É difícil sair do ciclo vicioso da pobreza e da deficiência. O resultado do ciclo de pobreza e deficiência é que as pessoas com deficiência se encontram geralmente entre os mais pobres dos pobres. Além disso, os seus níveis de literacia são consideravelmente inferiores aos do resto da população (Lewis, 1997). Erb (1999) sugere que a pobreza é uma face oculta da pobreza.

1.2. Legislações no Quénia

Vários países adoptaram legislações e políticas que salientam a necessidade da existência de percursos acessíveis para e através dos edifícios. Estas legislações promovem os direitos das pessoas com deficiência a uma participação plena e igualitária na sociedade. As políticas de acesso equitativo são frequentemente apoiadas por legislação e estratégias de implementação como ferramentas essenciais na promoção da integração e inclusão social (Relatório do Gabinete Internacional do

Trabalho, 2004). O principal objetivo destas legislações tem sido a necessidade de proporcionar igualdade de oportunidades às pessoas com deficiência para participarem e beneficiarem dos serviços prestados nos sectores público e privado.

A Lei das Pessoas com Deficiência (2003) define a deficiência como uma incapacidade que tem um impacto negativo na participação social, económica ou ambiental. Esta lei trouxe à luz uma importante constatação de que as pessoas com deficiência não são necessariamente deficientes. Uma desvantagem existe apenas quando um indivíduo é colocado em desvantagem em relação aos outros. Esta limitação teria de restringir negativamente a participação do indivíduo. Nesta base, a definição de deficiência adoptada por este estudo é: uma incapacidade a longo prazo que limita a mobilidade e reduz a resistência dos indivíduos, conduzindo assim a desvantagens sociais e económicas, à negação de direitos e a oportunidades limitadas.

A Constituição do Quénia (GoK, 2010) defende a não discriminação contra qualquer segmento da sociedade, seja qual for o motivo. Além disso, o Governo do Quénia promulgou várias legislações que defendem o direito de entrada de todos em espaços abertos ao público. Exemplos de tais legislações incluem a Lei das Pessoas com Deficiência (2003), a Lei das Áreas Urbanas e Cidades (2011) e a Lei da Autoridade Nacional da Construção (2011). Todas estas legislações contribuem para as estipulações do Desenho Universal (DUA), que exigem que os ambientes sejam acessíveis a todos, independentemente da idade, tamanho ou condição física.

O panorama legislativo e social destinado a lidar com as dificuldades sentidas pelas pessoas com deficiência física (PCD) foi afetado positivamente pela publicação oficial de uma grande parte da ADP (ADP, 2004). O Conselho Nacional para as Pessoas com Deficiência (CNPD) foi criado ao abrigo da Secção 3 da ADP (2003).

A secção 7 define as funções específicas do Conselho, enquanto as secções 22 e 24 estabelecem os prazos para o cumprimento destas disposições. As funções do Conselho consistem, nomeadamente, em emitir ordens de ajustamento nos termos da secção 24 da lei. Estas ordens têm por objetivo facilitar o acesso aos locais onde os membros do público são normalmente admitidos. O Conselho tem o mandato de ordenar a qualquer pessoa que forneça bens e serviços que torne as instalações acessíveis às pessoas com deficiência. A secção 21 da PDA refere que as pessoas com deficiência têm direito a um ambiente sem barreiras. Nos termos da secção 22, os proprietários são obrigados a adaptar os edifícios públicos às pessoas com deficiência. A partir do momento em que o Conselho dá essas ordens, os proprietários são obrigados a cumpri-las no prazo de cinco anos. As disposições estabelecidas pelo PDA (2003) parecem adotar uma abordagem de Desenho Universal (DU). Com base nas disposições estabelecidas na PDA (2003), este estudo avaliou a conceção do terminal rodoviário principal de Kisumu e em que medida é acessível a pessoas com deficiência. Os desenhos existentes no terminal rodoviário revelariam claramente se os projectistas destes espaços tendiam para uma visão de modelo médico da deficiência ou para uma visão de modelo social.

1.3.   Visão médica versus visão social da deficiência

As definições médicas ortodoxas afirmam que a deficiência é a principal causa de incapacidade e/ou desvantagem. Esta afirmação reforça a <u>ideia de que os seres humanos são flexíveis e adaptáveis, ao passo que</u> os ambientes <u>físicos não o</u> são. Esta afirmação é contrária à realidade, uma vez que, historicamente, os seres humanos sempre moldaram o ambiente de acordo com as suas necessidades e não o contrário. Também minimiza o papel da legislação e das reformas políticas para resolver as várias desvantagens sociais sentidas pelas pessoas com deficiências e rotuladas de "deficientes" (Barnes, 2011). Nos casos em que a conceção dos terminais exclui os potenciais utilizadores, estes espaços reforçam o ponto de vista de que determinados espaços se destinam apenas àqueles que são "privilegiados" para os utilizar de forma independente. Por extensão, estes espaços apresentam um ponto de controlo que exclui os indivíduos que não conseguem aceder aos espaços de forma independente e segura. A conceção da área de estudo será avaliada para determinar se os espaços nela existentes são flexíveis e adaptáveis a todos os potenciais utilizadores, incluindo as pessoas com deficiência.

Campbell (2000) refere que o modelo médico de deficiência considera as limitações funcionais de uma pessoa como a causa principal de quaisquer desvantagens sentidas na mobilidade. Este modelo sublinha que as limitações dos indivíduos só podem ser rectificadas através de tratamento ou cura. O modelo médico individualiza as questões da deficiência e não questiona a forma como a sociedade trata as pessoas com deficiência. A própria deficiência é vista como um problema que pode ser "resolvido" por acções médicas ou de reabilitação.

Morris (2005), por outro lado, centra-se no modelo social que estabelece que é a sociedade que ergue barreiras que restringem as oportunidades das pessoas com deficiência, impedindo este segmento da sociedade de participar como parceiros iguais. Este modelo vai para além da deficiência e centra-se nos factores que afectam a capacidade dos indivíduos de participarem plenamente na sociedade. Assim, enquanto a deficiência é a limitação funcional que afecta o corpo de uma pessoa, a incapacidade é a perda ou limitação funcional de oportunidades resultante de discriminação direta ou indireta. O modelo social salienta que as barreiras à plena participação das pessoas com deficiência estão localizadas na forma como a sociedade está organizada. Este modelo desafia a sociedade a abordar e a desmantelar essas barreiras. Freeman (1988) propõe que a adoção do modelo social ajudará a eliminar as barreiras arquitectónicas, que constituem um importante obstáculo a interacções sociais significativas.

O modelo social da deficiência coloca a tónica na promoção de mudanças sociais que capacitem e incorporem as experiências das pessoas com deficiência. Os defensores do modelo social argumentam que o termo deficiência não exprime apenas uma condição médica, mas um sistema complexo de restrições sociais resultantes da discriminação. A capacitação, a participação e a igualdade de controlo passam a ser os meios para ultrapassar uma deficiência, em vez de apenas os cuidados médicos (Campbell, 2000).

1.4. Desenho Universal

A tarefa do UD é tornar explícita a forma como os edifícios são projectados, de <u>modo a responsabilizar os projectistas pelo que parece ser um </u>design neutro em relação à deficiência e mostrar que esta neutralidade é uma forma construída de ignorância.

Tornar explícitos os valores e ideologias do UD requer a consideração dos corpos excluídos e o pleno reconhecimento da gama de interacções entre corpos e ambientes.

Como o modelo normativo mantém um corpo andante e carnudo no centro do pensamento sobre o design, os edifícios muitas vezes não consideram os requisitos de

espaço para corpos que usam tecnologias para navegar no espaço (Hamraie, 2013).
Esta observação colocou diretamente a questão da acessibilidade, ou a falta dela, nos
planeadores e designers. A adesão ao modelo normativo daria origem a uma situação
em que os ambientes são "inclusivos" para aqueles que podem "caber". Este cenário
transmite pistas não verbais aos membros da sociedade que estão excluídos dos
espaços públicos em causa. O inverso era verdadeiro, uma vez que a adesão à UD
garantiria que o ambiente construído fosse acessível a todos, independentemente da
capacidade física.

Um debate eficaz sobre as barreiras arquitectónicas requer uma análise do estado atual
do ambiente construído e da experiência de ser portador de deficiência. O autor do
estudo, Adler, salienta que a conceção dos edifícios é regida por dimensões
antropométricas que têm em conta o tamanho, a forma, o alcance e a mobilidade dos
ocupantes previstos de qualquer edifício. Estas dimensões determinam, por
conseguinte, os espaços afectados à circulação no interior dos edifícios, a colocação e
o espaçamento do mobiliário, dos acessórios e de outros equipamentos no edifício
(Adler, 1999).

Rudnick (1990) sugere que a acessibilidade física significa que uma pessoa com
deficiência é capaz de se aproximar, entrar, passar de e para, e utilizar uma área ou
instalações sem assistência. McLaren, Philpott e Hlophe (1996) observam que os
dispositivos de assistência permitem que as pessoas com deficiência sejam
independentes para que possam funcionar como membros activos da sociedade.
Embora estes dispositivos não curem ou eliminem os desafios, tiram partido dos pontos
fortes da pessoa com deficiência e contornam as áreas de dificuldade (Mcguire, 2011).
Uma vez feita esta compensação, as pessoas com deficiência são capazes de atingir os
seus objectivos e ambições individuais em termos de estilo de vida (McLaren, Philpott
e Hlophe, 1996). Os ambientes inacessíveis negam assim às pessoas com deficiência o
direito à igualdade, à dignidade e à liberdade, impedindo a participação no
desenvolvimento socioeconómico como parceiros iguais.

1.5. Ambientes construídos

Os principais elementos de um edifício incluem a fundação (que suporta o edifício e lhe confere estabilidade), a estrutura (que suporta todas as cargas impostas e as transmite à fundação), as paredes exteriores (que podem fazer parte da estrutura de suporte primária), as divisórias interiores (que também podem fazer parte da estrutura primária) e os sistemas de suporte vertical que podem incluir elevadores e escadas (Tomasetti, 2007). A conceção global destes elementos, se não for devidamente considerada, pode conduzir à formação de barreiras. Um estudo efectuado por Ochieng, Onyango e Oracha (2010) no Central Business District da cidade de Kisumu concluiu que os lancis dos passeios eram uma barreira comum e difícil para os peões. Para que os utilizadores de cadeiras de rodas possam utilizar eficazmente um determinado espaço, necessitam do dobro do espaço utilizado pelas pessoas com deficiência ambulante (Peloquin, 1994). A categoria de pessoas com deficiência ambulante inclui: utilizadores de muletas, utilizadores de botas especiais, utilizadores de bengalas, entre outros. Uma vez satisfeitas as necessidades espaciais dos utilizadores de cadeiras de rodas, os outros membros da sociedade poderão consumir os mesmos espaços. Uma visão mais ampla do acesso ao ambiente construído implica apreciar o facto de que espaços bem concebidos beneficiam uma parte mais vasta da população. Mais concretamente, os trabalhadores pendulares com bagagem com rodízios, os pais com crianças pequenas, os pais que empurram carrinhos de bebé, as pessoas obesas, etc.

Os projectos de terminais de autocarros apresentam uma prova visível e tangível da visão das instituições de planeamento e dos projectistas em relação àqueles que não podem operar dentro dos percentis 5th e 95th. A execução de <u>projectos que privilegiam alguns e excluem outros mostra</u> que os projectistas e planeadores consideram os que foram excluídos espacialmente como "inadaptados". Nos casos em que o desenho executado privilegia alguns e exclui outros, a mensagem não verbal que seria transmitida é que os planeadores e os desenhadores têm preconceitos contra os "inadaptados espaciais". A mensagem transmitida ao segmento da população que não pode operar nos espaços estabelecidos seria a de que não são considerados como potenciais utilizadores dos espaços públicos.

Os designers têm um impacto direto na conceção dos terminais de autocarros, uma vez que são eles que conceptualizam os espaços, desde a fase de esboço até à fase de execução do projeto. Durante este processo de conceção, o designer tem de decidir se adopta uma abordagem UD ou uma abordagem de modelo normalizado. Por outro lado, são os planeadores que aprovam os projectos do ambiente construído. Durante a aprovação dos planos, os planeadores também têm a opção de adotar uma abordagem UD ou uma abordagem de modelo normalizado. O mesmo cenário se verificaria durante a aprovação do planeamento, uma vez que os planeadores dispõem de ferramentas para filtrar os desenvolvimentos tendentes ao modelo normalizado

A acessibilidade tem sido um conceito bem conhecido no domínio do planeamento dos transportes desde a década de 1950, quando foi introduzido como a facilidade de chegar a destinos desejáveis, ligando os sistemas de utilização do solo e de actividades às redes de transportes que os servem. A melhoria da <u>acessibilidade surgiu recentemente como um objetivo central dos </u>urbanistas e disciplinas afins (Iaconno, Krizek e El-Geneidy, 2010). A literatura sobre planeamento dos transportes contém muitas medidas, em grande parte restritas aos modos motorizados e a um punhado de actividades de destino. É necessário explorar questões relacionadas com o desenvolvimento de medidas de acessibilidade para modos não motorizados, nomeadamente a bicicleta e a deslocação a pé (Iacono, Krizek e El-Geneidy, 2010). Uma faceta da melhoria da acessibilidade utilizada por este estudo foi a avaliação dos componentes específicos de um terminal de transportes para os trabalhadores pendulares nos casos em que estes se tornam peões. O ponto de vista do investigador era que uma melhor acessibilidade à infraestrutura ajudaria os potenciais utilizadores a aproximarem-se, entrarem e utilizarem as instalações de forma independente e segura.

As atitudes predominantes em relação à deficiência e à forma como esta é entendida numa sociedade podem ser representadas no processo de construção e no produto dos seus ambientes construídos. Os ambientes construídos inacessíveis actuam para reforçar a marginalização social enfrentada pelas pessoas com deficiência (Sawadsri, 2011). Os terminais de autocarros inacessíveis tornaram-se, assim, agentes activos da exclusão social devido à sua natureza segregadora. Os terminais de autocarros concebidos de acordo com um modelo normalizado transmitiriam sinais não verbais de exclusão das pessoas com deficiência, ao passo que um terminal concebido com uma perspetiva de UD reforçaria a inclusão de todos, incluindo as pessoas com deficiência.

Na estrutura social, os investimentos são normalmente efectuados em áreas consideradas valiosas, enquanto as áreas não consideradas valiosas não dispõem de recursos substanciais. Embora os designers não criem estas categorias sociais, desempenham um papel fundamental na criação do enquadramento físico em que o socialmente aceitável é celebrado e o inaceitável é confinado e contido. Assim, quando qualquer grupo que tenha sido fisicamente segregado ou excluído protesta contra o seu estatuto de segunda classe, os seus membros estão, de facto, a desafiar a forma como os designers exercem a sua profissão (Hamraie, 2013).

O processo de conceção começa normalmente com uma especificação de conceção, em que são especificados os requisitos de uma conceção. Nesta fase, as necessidades são formuladas de forma tão completa quanto possível, indicando a intenção do projeto com a maior precisão possível. Infelizmente, na prática, a especificação não contém uma definição completa ou todos os factos relevantes de que um designer necessitaria para encontrar uma solução adequada. Como resultado, obtém-se uma formulação concetual das necessidades que tem de ser desenvolvida e evoluída, tal como toda a conceção. O objetivo da especificação da conceção é analisar, descrever e expor o objetivo de uma conceção, de modo a formular a finalidade e a intenção de uma determinada conceção. O resultado é uma especificação de conceção que contém os requisitos que um produto ou artefacto tem de satisfazer (Lossack e Grabowski, 2000). Na conceção de terminais de autocarros acessíveis, os elementos que melhoram o acesso podem ser captados durante a elaboração das especificações do projeto.

Por outro lado, a falta de conformidade com os requisitos da UD leva à construção de instalações que dificultam a independência e a mobilidade das pessoas que não estão em conformidade com o modelo normalizado. O cumprimento dos requisitos de UD leva à formação de ambientes que beneficiam uma vasta gama de pessoas, incluindo as que transportam bagagens pesadas, as grávidas, as pessoas com deficiência e as crianças pequenas. Por conseguinte, este estudo avaliou a mentalidade existente no que diz respeito às especificações de conceção dos terminais na parte ocidental do Quénia. A conceção com base em valores explícitos não privilegia o conhecimento especializado, mas fornece um quadro no âmbito do qual os designers podem ser responsabilizados pelos tipos de ambientes que produzem. (Hamraie, 2013). Os terminais de autocarros acessíveis comunicam o ponto de vista de que todos os membros da sociedade são bem-vindos a utilizar as instalações. Os parâmetros de UD fornecem, portanto, um ponto de partida para que os projectistas e planeadores avaliem em que medida os projectos sobre os quais têm controlo incentivam o acesso ou inibem o mesmo.

Uma vez que o modelo normado mantém um corpo andante e carnudo no centro do pensamento sobre o design, os edifícios muitas vezes não consideram os requisitos de espaço para corpos que usam tecnologias para navegar no espaço. Para se sustentar, o modelo normate baseia-se na impressão de que os normates são corpos normais, médios e maioritários (Hamraie, 2013). Ao conceberem produtos e <u>ambientes, os designers centram-se frequentemente no utilizador médio</u> (Burgstahler, 2012). Os espaços inacessíveis excluem, assim, um segmento da população que não se enquadra nos ambientes "ideais" apresentados pelos designers e planeadores. A UD apresentava, portanto, um quadro no qual os projectistas podiam ser responsabilizados pelas formas de construção que aprovavam. Os espaços acessíveis, por outro lado, beneficiariam não só o utilizador de cadeira de rodas, mas também o viajante com muita bagagem, o pai a empurrar um carrinho de bebé ou o viajante obeso.

As formas dos edifícios reflectem a forma como uma sociedade se sente em relação a si própria e ao mundo em que habita (Hamraie, 2013). O desenho universal tem o poder de elevar o espírito humano, especialmente quando os ambientes são concebidos para satisfazer verdadeiramente as necessidades das pessoas que os utilizam. O desenho universal engloba a conceção inclusiva e não discriminatória da arquitetura, dos ambientes urbanos e das infra-estruturas. Os princípios avançados pelo DUA podem ser diretamente relacionados com mecanismos de controlo comuns no planeamento, tais como códigos de construção, regulamentos de zonamento, revisão do projeto, incentivos fiscais e orientação Os princípios do DUA são ideais elevados e princípios orientadores que precisam de se tornar mais quantificados e operacionais para que os planeadores e projectistas os possam utilizar nos seus projectos (Preiser, 2007).

Um estudo de Kimani e Musungu (2010) sobre o planeamento e a regulamentação da construção no Quénia estabeleceu que o controlo do desenvolvimento é dificultado pela falta de capacidade para inspecionar e implementar planos, pela falta de um sistema de apoio relevante para uma aplicação eficaz e pela falta de recursos. Um relatório sobre o estado do ambiente construído no Quénia refere que o código e os regulamentos de construção do Quénia continuam a preocupar-se com a responsabilidade tradicional e as questões de segurança da vida. Além disso, o código de construção não foi revisto até à data (NBR, 2014). Além disso, o conteúdo do código de construção no Quénia foi formulado a partir dos códigos imperiais britânicos existentes em 1969 (Kabando e Wuchuan, 2014).

As observações destes estudos apresentam um cenário complexo. Por um lado, existe um sistema ineficiente, enquanto que, por outro lado, os regulamentos que regem o sector da construção estão desactualizados. À luz destes desafios, a UD fornece uma plataforma para garantir que o processo de conceção de terminais dá origem a instalações acessíveis, apesar da desvantagem apresentada pelo código de construção.

É importante notar que o processo de conceção para resolver problemas está incorporado na UD, uma vez que é simultaneamente intencional e intuitivo (Depoy e Gilson, 2010). O conhecimento do design baseia-se na investigação intuitiva e na resolução de problemas por parte dos designers individuais. Na prática do design, "investigação" refere-se aos desenhos, estudos e modelos do designer que exploram as possibilidades de um design. Enquanto a investigação científica descreve um estado de coisas existente, o design é um processo que investiga potenciais futuros através da resolução de problemas dentro do status quo (Lawson, 1997).

Três abordagens que se intersectam e que contribuem para o avanço do UD são: reforçar os regulamentos de modo a aumentar a base aceitável; difundir o conhecimento através da palavra, do ensino e da escrita; e criar apoio através da defesa e da representação (Ruptash, 2013).

1.6.   Objectivos do estudo

O estudo tinha os três objectivos seguintes:

i.   Determinar a influência da conceção das vias de circulação em terminais de autocarros situados na parte ocidental de Quénia sobre a mobilidade dos alunos com deficiência física.

ii.   Determinar a influência dos lugares sentados nos terminais de autocarros situados na parte ocidental do Quénia na independência dos alunos com deficiência física.

iii.   Avaliar a adesão do processo de aprovação do projeto aos requisitos do Desenho Universal.

Capítulo Dois: Quadro teórico e concetual
1.7. Quadro teórico
1.7.1. Teoria do Desenho Universal

Na avaliação dos componentes dos terminais de autocarros, o estudo utilizou a teoria do Design Universal. O Design Universal ganhou atenção teórica sob a bandeira do "acesso universal" (Hamraie, 2013). Enquanto os primórdios do DUA se destinavam a pessoas com capacidades reduzidas, como a deficiência física, o atraso mental, a idade avançada e a gravidez, a tendência atual prevê as necessidades da maioria (D'souza, 2004). Por conseguinte, um ambiente acessível serve um vasto leque de pessoas e não apenas pessoas com deficiência. Os sete princípios da UD são: utilização equitativa dos desenhos, flexibilidade na utilização, desenhos simples e intuitivos, informação percetível, tolerância ao erro, baixo esforço físico, tamanho e espaço para abordagem (Centre for UD, 1997). Estes princípios fornecem uma plataforma para garantir que os ambientes construídos sejam acessíveis a todos, independentemente da estatura física de cada um. De facto, quando os princípios do UD estiverem enraizados na conceção dos ambientes construídos, o acesso de todos será uma realidade.

A Teoria do Desenho Universal (TDU) defende a criação de ambientes construídos concebidos para serem tão acessíveis quanto possível, desde o início, ao maior número possível de pessoas, independentemente da idade, estatura, tamanho ou deficiência. A tónica da UDT é que o ambiente construído deve ser concebido de forma a não necessitar de futuras adaptações ou alterações. A conceção do ambiente construído deve ir além dos requisitos legais de acessibilidade para integrar nas estratégias de acesso para pessoas com deficiência os requisitos específicos que surgem quando os projectistas têm em conta o envelhecimento, o género, o tamanho e a saúde dos potenciais utilizadores (Steinfeld e Maisel 2012). No paradigma da UD, a acessibilidade indica não só o grau em que um local ou instalação é acessível a alguém com uma deficiência, mas também inclui outros factores, como a usabilidade da instalação e as atitudes no ambiente social (Rattray, Raskin e Cimino, 2008).

Os princípios da UDT exigem que os ambientes sejam acessíveis a todos, independentemente da idade, deficiência, dimensão ou estatura física. Estes parâmetros abrangem pessoas com deficiências temporárias ou permanentes, grávidas, crianças pequenas, idosos ou pessoas de baixa estatura. Os princípios avançados pela UD podem ser aplicados na avaliação de projectos existentes, na orientação do processo de conceção e na educação sobre as características de produtos e ambientes utilizáveis (Centre for UD, 1997).

Neste estudo, um terminal de autocarros específico foi dividido nas suas partes interactivas, que eram as vias de circulação, as comodidades e as atitudes predominantes dos membros da sociedade sem deficiência. Cada uma das componentes destacadas dentro do terminal também interage entre si para afetar a acessibilidade geral ou a falta dela por parte das pessoas com deficiência. Por conseguinte, no caso dos terminais, a presença de barreiras atitudinais nos terminais tem um impacto direto na perceção das pessoas com deficiência locomotora nos terminais. A presença de atitudes negativas nos terminais de autocarros transmite a mensagem de que estes espaços foram concebidos apenas para pessoas não deficientes. As potenciais fontes de barreiras atitudinais são os condutores, os passageiros, os vendedores ambulantes e as famílias da rua. As pessoas com deficiência física detectam a presença de barreiras de atitude através dos seus sentidos. Os destinatários das barreiras podem ver membros da sociedade a olhar para eles durante longos períodos ou podem ouvir comentários depreciativos provenientes de pessoas sem deficiência.

1.7.2. Quadro concetual

A Figura 2.1 apresenta uma concetualização dos componentes de um terminal rodoviário. A interação dos componentes destacados pode aumentar a acessibilidade a um terminal rodoviário ou aumentar a exclusão da instalação.

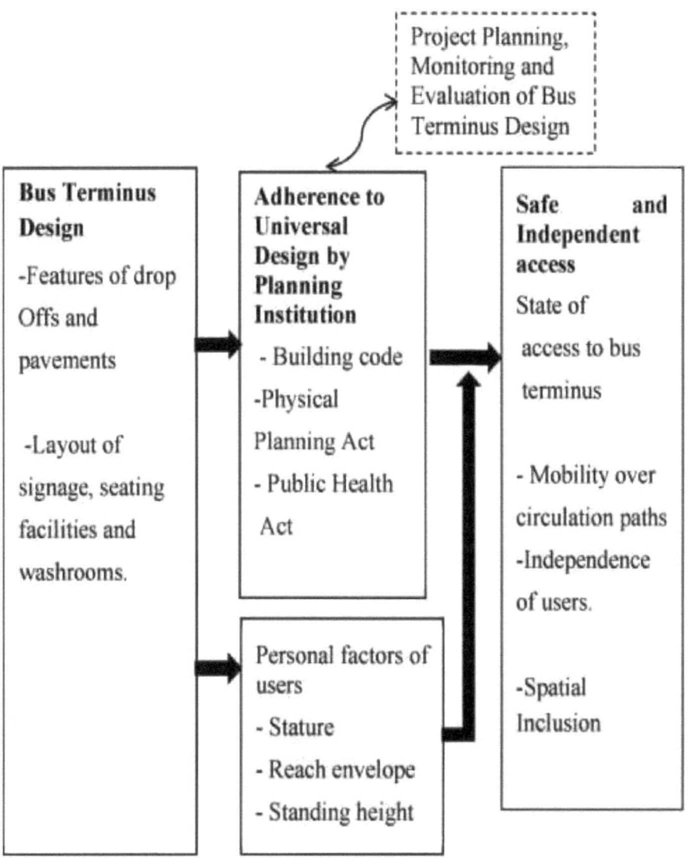

Figura 2.1: Quadro Conceptual (Autor)

O quadro concetual ilustra as componentes de um terminal rodoviário: as vias de circulação e a disposição dos equipamentos. A presença de barreiras de conceção e os factores pessoais dos utilizadores dos terminais têm um efeito sobre o estado de acesso aos terminais de autocarros. Os factores pessoais dos utilizadores interagem com a conceção das vias de circulação e dos equipamentos para melhorar ou impedir o acesso. As instituições de planeamento desempenham um papel fundamental na incorporação de parâmetros de UD, uma vez que têm um controlo direto sobre os desenhos implementados nos percursos de circulação e nos equipamentos dos terminais. Antes de se iniciar a construção de um equipamento público como um terminal, este tem de passar por um processo de aprovação do planeamento, em que o gabinete de planeamento tem uma autoridade de supervisão. Enquanto actua na sua capacidade. Este gabinete é capaz de eliminar os desenvolvimentos que não adoptam uma abordagem UD.

Mais especificamente, a implementação de parâmetros de UD na conceção de desaguadouros e passeios tem um efeito positivo na mobilidade dos utentes, uma vez que as potenciais barreiras podem ser eliminadas antes do início da construção dos projectos. A aplicação de UD na disposição dos edifícios situados em terminais garantiria a independência dos futuros utilizadores, uma vez que a largura das portas, a conceção das portas e a conceção das casas de banho garantiriam o acesso de todos, independentemente da estatura física. O design dos assentos e da sinalização pode melhorar a inclusão espacial se o design prevalecente responder às necessidades e exigências dos utilizadores.

Este estudo estabeleceu a existência e a adesão a parâmetros de UD no processo de aprovação do planeamento do terminal rodoviário de Kisumu. A existência de tais parâmetros proporcionaria controlos e equilíbrios para garantir que as instalações fossem acessíveis a todos, independentemente do seu estado físico. A monitorização e a avaliação das instalações do terminal rodoviário proporcionariam ainda uma via para a eliminação de barreiras que poderiam surgir devido ao desgaste.

Capítulo III: Metodologia de investigação
3.1. Conceção da investigação

O estudo foi realizado através de um inquérito transversal. Este estudo foi realizado através da avaliação da conceção dos terminais de autocarros na parte ocidental do Quénia num determinado momento. A conceção de inquérito transversal foi ideal para este estudo, uma vez que permitiu ao investigador recolher rapidamente dados na área de estudo sobre a conceção dos terminais rodoviários na parte ocidental do Quénia. Na área de estudo, a atenção centrou-se nos principais terminais de autocarros que facilitavam o intercâmbio entre veículos sempre que os utentes se deslocavam para viagens de longo curso.

A ocorrência analisada foi o efeito da conceção de um terminal de autocarros na acessibilidade de LwPD na parte ocidental do Quénia. Os inquiridos tinham de avaliar a conceção de um terminal com base na sua disposição e design. A população de pessoas com deficiência física que utilizavam os terminais na área de estudo era de 1.525 pessoas. Uma vez que o estudo se centrou nos principais terminais em que os inquiridos terminavam a sua viagem, a distribuição dos inquiridos foi tal que 14% avaliaram a conceção do terminal de Kakamega, 34% avaliaram o terminal de Bungoma, 26% avaliaram a conceção do terminal de Kendu Bay e 26% avaliaram a conceção do terminal de Kisumu. Os dados foram recolhidos através da utilização de questionários, de grelhas de observação e de entrevistas a informadores-chave.

3.2. Área de estudo

Os principais terminais na parte ocidental do Quénia mais frequentados pelas pessoas com deficiência física na viagem para a escola situavam-se em Kisumu, Kakamega, Bungoma e Kendu Bay. As escolas especiais para pessoas com deficiência intelectual situavam-se nos seguintes condados: Kisumu, Bungoma, Homa Bay e Kakamega Para efeitos deste estudo, estas zonas constituíram a área de estudo. Estes quatro condados têm a maior prevalência de deficiência física em comparação com o resto da República (GoK, 2008).

A parte ocidental do Quénia inclui a antiga província de Nyanza e a antiga província ocidental. A área de estudo atravessa os principais terminais do condado de Kisumu, do condado de Kakamega, do condado de Homabay e do condado de Bungoma. O estudo centrou-se nas pessoas com deficiência física matriculadas em escolas especiais, uma vez que os princípios da UD

exigem que as instalações sejam acessíveis a todos, independentemente da idade, dimensão física, deficiência temporária ou permanente. O mapa do terminal de Bungoma é apresentado na Figura 3.1.

Figura 3.1: Mapa do terminal de Bungoma.
O terminal de Bungoma está situado na cidade de Bungoma. Bungoma é uma cidade na província ocidental do Quénia, perto da fronteira entre o Quénia e o Uganda. É a sede do condado de Bungoma, no Quénia. A história da cidade remonta à construção do caminho de ferro Quénia-Uganda na década de 1920. No entanto, o seu crescimento recente é atribuído à sua localização na cintura ocidental do açúcar, com as fábricas de

açúcar Nzoia e Mumias. A cidade situa-se a 450 km da capital do Quénia, Nairobi, na estrada do Grande Norte para Kampala, no Uganda, a uma altitude de 1.385 m acima do nível do mar (Khaemba, 2014).

Este terminal funciona como um ponto de intersecção para os alunos que estudam na escola primária de Nalondo, na escola Joy valley Kamatuni e na escola secundária de Nalondo, todas situadas no condado de Bungoma. Este terminal também actua como ponto de origem para os alunos que estudam noutros condados, mas que residem em Bungoma. O outro terminal na área de estudo é o terminal de Kisumu (Figura 3.2).

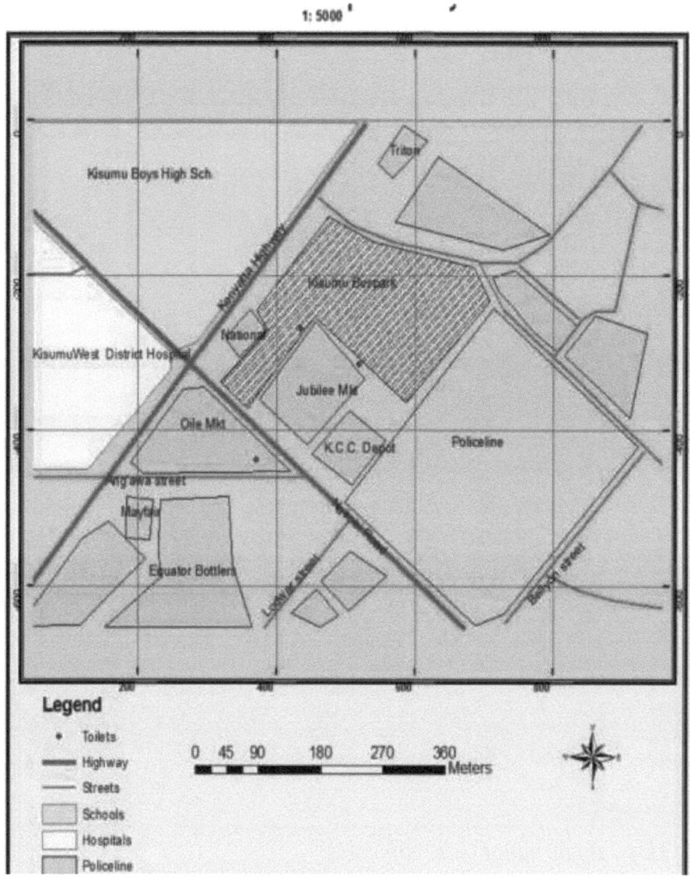

Figura 3.2: Mapa do terminal de Kisumu

O terminal de Kisumu está localizado em Kisumu, que é uma cidade portuária na parte ocidental do Quénia. As suas coordenadas são 0°6'S 34°45'E, a uma altitude de

1.131 m, com uma população de 968.909 habitantes (censo de 2009). Kisumu é a terceira maior cidade do Quénia, a principal cidade da parte ocidental do Quénia, a antiga capital da província de Nyanza e a sede do condado de Kisumu. Kisumu é a maior cidade da região de Nyanza e a segunda cidade mais importante, depois de Kampala, na grande bacia do Lago Vitória. É a maior cidade da região de Nyanza e a segunda cidade mais importante, depois de Kampala, na bacia do grande Lago Vitória (Kisumu County Council, 2012). O terminal de Kisumu está localizado ao longo da autoestrada Kenyatta e da estrada de Nairobi. Este terminal faz fronteira com o mercado municipal de Jubilee a oeste. O estudo também avaliou a conceção do terminal de Kakamega (Figura 3.3).

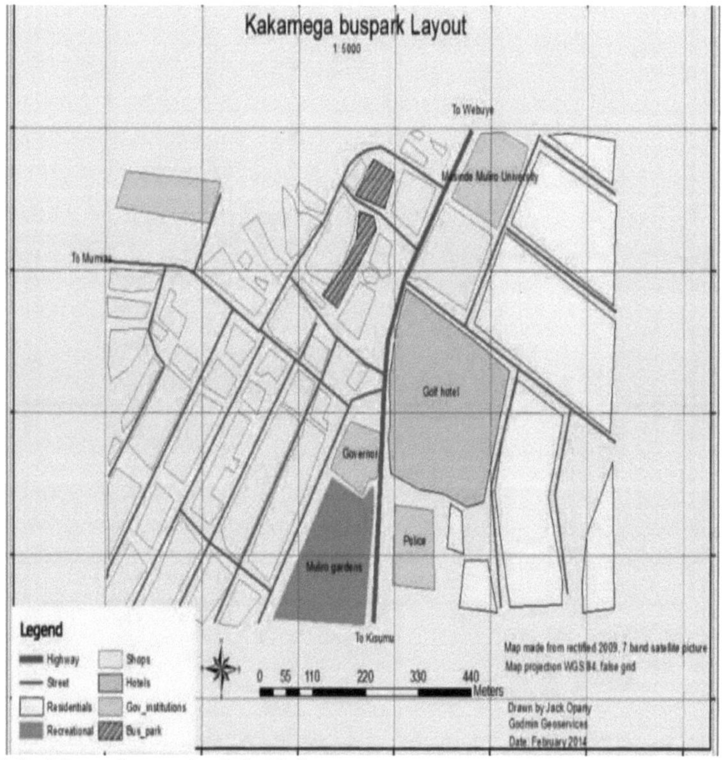

Figura 3.3: Mapa do terminal de Kakamega.

A cidade de Kakamega é a sede do condado de Kakamega, que contava com uma população de 1 660 651 habitantes, segundo os dados do recenseamento de 2009. A cidade de Kakamega situa-se 50 km a norte da cidade de Kisumu. O condado de

Kakamega situa-se a uma altitude de 250 a 2000 m, com uma temperatura média de 22,50 °C durante a maior parte do ano (Counties in Kenya, 2012).

O terminal de Kakamega está localizado em Kakamega, uma cidade no oeste do Quénia, situada a cerca de 30 km a norte do Equador. A altitude média de Kakamega é de 1.535 metros. O terminal de Kakamega está situado entre a estrada Kakamega-Mumias e a estrada Kakamega-Webuye. Este terminal funcionava como ponto de chegada para os alunos que estudavam na escola de Daisy, mas também como ponto de intersecção para os alunos a caminho de Bungoma ou Kisumu. Funcionava também como ponto de origem para os LwPD que residem em Kakamega mas estudam noutros condados. O terminal de Kendu Bay também foi utilizado para este estudo e a sua localização é apresentada na Figura 3.4.

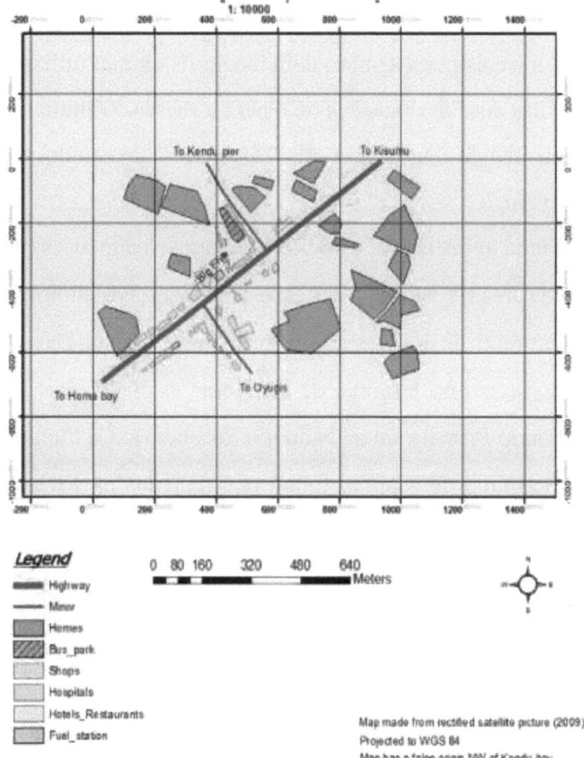

Figura 3.4: Mapa do terminal da baía de Kendu

Kendu Bay é uma baía e uma cidade do Quénia, situada no distrito de Rachuonyo, no condado de Homa Bay. O terminal de Kendu Bay está situado ao longo da estrada Katito Homa-Bay. Este terminal servia de ponto de chegada para os alunos que aprendiam em Nyaburi e de origem para os alunos que aprendiam em Bungoma, Kisumu ou Kakamega. Na altura do estudo, estes terminais serviam até 1.525 LwPD no início e no fim de cada período escolar.

3.3.   População do estudo

A população-alvo deste estudo era constituída por alunos matriculados em escolas especiais para alunos com deficiência física na parte ocidental do Quénia. As escolas especiais na área de estudo integram normalmente uma pequena percentagem de alunos sem deficiência. No entanto, este estudo concentrou-se apenas nas pessoas com deficiência física, por oposição às suas congéneres sem deficiência. Os inquiridos foram escolhidos entre as pessoas com deficiência física que utilizavam os terminais da área de estudo nas suas deslocações de e para a escola. O número total de pessoas com deficiência na área de estudo era de 1.525 na altura do estudo.

3.4.   Amostragem

O estudo utilizou uma amostragem estratificada para selecionar os inquiridos das sete escolas especiais da área de estudo. Mais especificamente, os alunos que terminaram a sua viagem no terminal de Kakamega estavam inscritos na Daisy School; os que terminaram a sua viagem no terminal de Bungoma estavam inscritos na Joy Valley Kamatuni, na Nalondo Primary ou na Nalondo Secondary. Os alunos que terminaram a sua viagem no terminal de Kisumu foram matriculados na Joyland Primary ou na Joyland Secondary; enquanto os que terminaram a sua viagem em Kendu Bay frequentaram a escola primária de Nyaburi. Com base numa margem de erro de 5%, num nível de confiança de 95% e numa população-alvo de 1.525 alunos, foi utilizado o seguinte cálculo para determinar a dimensão da amostra:

$n = \underline{N}$

$1 + N\,(e)^2$ *(Yamane, 1967)*

Sendo que n= dimensão da amostra

N= População (1.525)

e= margem de erro (0,05)

n= 1,525

1+ 1,525(0.05)² = 315 inquiridos

A distribuição dos inquiridos na área de estudo é apresentada no Quadro 3.1.

Quadro 3.1 Distribuição dos inquiridos

Terminus Avaliado	N.º de escolas especiais em redor do terminal	População de LwPD com Terminus	N.º de Inquiridos	% de Total
Kakamega	1	209	43	14%
Bungoma	3	515	107	34%
Baía de Kendu	1	400	84	26%
Kisumu	2	401	81	26%
Total	7	**1,525**	**315**	**100%**

Os inquiridos tinham de avaliar a conceção do principal terminal em que terminavam a viagem para a escola. A população de LwPD que utilizava o terminal de Kakamega era de 209 pessoas, das quais 43 inquiridos foram incluídos na amostra. Os inquiridos que utilizavam o terminal de Kakamega representavam 14% do total. A população de LwPD que utiliza o terminal de Bungoma era de 515, dos quais 107 inquiridos foram incluídos na amostra. Estes inquiridos representavam 34% do total. A população de pessoas com deficiência física que utilizam o terminal de Kendu Bay era de 400, dos quais 83 inquiridos foram incluídos na amostra. Estes inquiridos representam 26% do total. Por último, a população de pessoas com deficiência física que utiliza o terminal de Kisumu é de 401 pessoas, das quais 84 foram inquiridas. O quadro 3.2 apresenta a distribuição dos inquiridos pelas sete escolas da área de estudo.

Quadro 3.2 Estrutura da amostra

Terminus Avaliado	n	Escolas na área de estudo	N	n por escola	% de n por escola
Kakamega	43	Escola Daisy	209	43	14%
Bungoma	107	Nalondo Pry	390	81	26%
		Nalondo Sec.	65	14	4%
		Joy valley Pry	60	12	4%
Baía de Kendu	85	Nyaburi	400	85	26%
Kisumu	80	Joyland Pry	210	41	14%
		Joyland Sec	191	39	12%
Total	315		1,525	315	100%

Para garantir uma representação equitativa dos estratos das escolas, foi utilizada uma amostragem estratificada, tendo sido seleccionados 14% (43 inquiridos) da escola Daisy. Estes inquiridos avaliaram a conceção do terminal de Kakamega e o seu efeito na sua acessibilidade. O Centro de Recursos para Crianças com Deficiência Daisy foi criado em 2005 e está situado em Kakamega. O Centro está empenhado em prestar apoio educativo, médico, terapêutico e social a crianças com deficiências físicas.

Os seus objectivos são: proporcionar ensino primário, bem como alojamento e alimentação para as crianças, oferecer sessões regulares de terapia, ajudar as crianças em termos de cuidados médicos e aconselhamento, e implementar um programa de formação profissional para as crianças. Na altura do estudo, a escola primária de Daisy tinha uma população de 200 alunos, dos quais 100 eram internos. O Centro dá formação em alfaiataria, tricotagem e bordados aos alunos que concluíram o ensino primário, mas que não podem avançar para o ensino secundário. Estes ateliers de reforço das capacidades têm por objetivo permitir que os alunos se sustentem a si próprios quando forem independentes.

As pessoas com deficiência intelectual matriculadas em 3 escolas especiais terminaram a sua viagem no terminal de Bungoma. A sua distribuição era tal que 26% (81 inquiridos) eram provenientes da escola primária de Nalondo, 4% (14 inquiridos) eram provenientes da escola secundária de Nalondo e 4% (12 inquiridos) eram provenientes da escola primária de Joy Valley. A Escola Primária de Nalondo foi criada em 1994 para dar resposta a alunos com deficiências físicas. A sua área de influência abrange Bungoma, Kakamega e Kisumu - embora a maior parte dos seus alunos seja oriunda de Bungoma e arredores.

A Escola Secundária de Nalondo foi criada para dar resposta aos alunos que tinham concluído o ensino primário na escola irmã, a Escola Primária de Nalondo. Tanto na escola primária como na secundária, a tónica é colocada na oferta de ensino aos alunos com deficiência física, ao mesmo tempo que se promove a integração com os alunos sem deficiência. A outra escola especial situada em Bungoma é a Joy valley Special school. Esta escola foi criada em 1993 e está situada em Kamatuni. Tem três divisões que se ocupam de alunos com deficiência: a classe especial - que ensina actividades da vida diária, a classe de educação infantil e a secção primária que dá ênfase à educação inclusiva. A sua área de influência abrange Bungoma e os seus arredores.

Os inquiridos que avaliaram o terminal de Kendu Bay foram todos retirados da Escola Primária de Nyaburi, que produziu 83 inquiridos, o que representou 26% do total. Em Kendu Bay, os inquiridos eram provenientes da Escola Especial de Nyaburi. Esta escola tem uma secção primária que atende tanto a alunos com deficiência como a alunos sem deficiência. Esta escola está situada ao longo da estrada Kendu Oyugis, a cerca de 100 metros do Hospital Adventista de Kendu. Os alunos com deficiência física desta instituição são oriundos das seguintes zonas: Ndhiwa, Kendu Bay, Oyugis, Sega, Ranen, Awendo, Kisumu, Migori, Kisii e Mawego.

Os inquiridos que avaliaram a conceção do terminal de Kisumu eram provenientes da Joyland Primary (45 inquiridos) e da Joyland

Secundário (39 inquiridos). Estes inquiridos representaram 26% do total. Em Kisumu, foi utilizado um total de 80 inquiridos, dos quais 50% eram da Escola Primária Joyland e os outros 50% eram da Escola Secundária Joyland. As secções primárias e secundárias destas escolas também praticam o ensino inclusivo e a sua área de influência estende-se pelas seguintes zonas Campo de refugiados de Kakuma, Kisii,

Siaya, Mbita, Kitale, Maseno, Lodwar, Kendu Bay, Homabay e Sindo. Nas escolas primárias, o investigador utilizou inquiridos das classes 6, 7 e 8, enquanto nas escolas secundárias os inquiridos foram seleccionados de todas as classes.

3.5. Recolha de dados

Os dados foram recolhidos a partir de fontes primárias e secundárias. As fontes secundárias consistiram em literatura publicada e não publicada. Mais especificamente, as fontes incluíam: artigos em revistas especializadas, teses, actas de conferências, livros, publicações periódicas e suplementos de jornais. Os dados destas fontes foram utilizados para a revisão da literatura com base nos três objectivos do estudo. No que respeita aos dados primários, foram utilizados os três métodos seguintes para a recolha de dados: calendário de observação, entrevista a estudantes e entrevista a informadores-chave. Estas três abordagens desempenharam papéis complementares que permitiram a triangulação.

3.5.1. Entrevista com o aluno

Foi utilizado um questionário estruturado, composto por perguntas abertas e fechadas, para recolher dados sobre os objectivos um e dois. O questionário permitiu que os inquiridos realizassem uma auditoria à acessibilidade dos terminais na área de estudo. O questionário tinha duas secções, a primeira das quais continha perguntas sobre o perfil sócio-demográfico do inquirido; a segunda secção avaliava a influência das características das vias de circulação na mobilidade dos alunos com deficiência física nos terminais rodoviários. Este método de recolha de dados era ideal, uma vez que os alunos descreviam facilmente por escrito a presença de desenhos e barreiras.

3.5.2. Calendário de observação

Para conhecer em primeira mão a conceção dos terminais na zona de estudo, o investigador utilizou um plano de observação. A observação não-participante também permitiu ao investigador verificar as respostas dadas pelos inquiridos. Além disso, foi feita uma observação direta da forma como as pessoas com deficiência acediam aos terminais rodoviários da zona de estudo. Durante a observação, o investigador pôde obter informações em primeira mão sobre as questões de acesso das pessoas com deficiência física.

3.5.3.   Entrevista com informador-chave

Entrevistas com informantes-chave foram usadas para coletar informações sobre o objetivo três, que avaliou a incorporação dos <u>parâmetros </u>do Desenho Universal <u>no processo de projeto de terminais.</u> O <u>pesquisador </u>avaliou o processo de desenho de terminais na área de estudo, desde a fase de conceituação do projeto até a sua realização. Quatro projetistas de terminais foram entrevistados para verificar se os princípios do Desenho Universal foram considerados durante o planejamento e a execução dos projetos. Os projectistas foram escolhidos nos gabinetes de obras públicas dos condados de Kisumu, Kakamega, Homa Bay e Bungoma.

Outros quatro informantes-chave foram escolhidos dos gabinetes de planeamento na área de estudo. Os planejadores nos quatro condados foram entrevistados para determinar se os princípios do desenvolvimento sustentável eram considerados como um requisito antes da aprovação do planejamento de instalações públicas como os terminais. Finalmente, outros quatro informantes-chave foram escolhidos entre o pessoal encarregado da gestão dos terminais. Estes informadores forneceram informações sobre a evolução da manutenção das vias de circulação, dos equipamentos exteriores e das instalações dos terminais rodoviários. A distribuição dos inquiridos foi feita de forma a que três KII fossem retirados de cada município onde se situam os terminais. O número total de KII utilizados para este estudo foi de doze.

3.6.   Considerações éticas.

Foi pedida autorização à Comissão de Análise Ética da Universidade de Maseno (MUERC). Para além da autorização da MUERC (MSU/DRPI/MUERC/00251/15), os pais dos alunos e os alunos das escolas especiais foram informados da investigação durante uma reunião agendada sobre o estudo proposto.

Os alunos cujos pais se opuseram ao estudo foram excluídos da amostra. Antes do início da administração dos questionários, foi pedido aos professores das escolas especiais que dessem autorização aos pais dos alunos, uma vez que estes actuavam normalmente como tutores. Os professores e os pais tiveram de dar o seu consentimento verbal para que os alunos participassem no estudo. Também foi solicitado o consentimento dos alunos antes de participarem no estudo. Para além disso, os alunos foram informados de que a sua participação era voluntária. Foram-lhes dadas informações sobre o objetivo, a duração, os eventuais riscos e o desconforto. Foi garantida aos alunos a confidencialidade e a privacidade das informações que forneceram, omitindo os seus nomes durante o estudo.

3.7.   Fiabilidade e validade

A fim de garantir a validade dos instrumentos utilizados no estudo, o investigador disponibilizou os instrumentos de investigação a um painel de peritos familiarizados com auditorias de acessibilidade. Estes peritos assinalaram as perguntas ambíguas do questionário. Estas perguntas foram então reformuladas para evitar a ambiguidade. Para garantir a fiabilidade dos instrumentos de investigação, o investigador realizou um estudo-piloto dirigido a 10% dos inquiridos. Os questionários foram aplicados às pessoas com deficiência física que utilizavam os terminais em estudo na sua deslocação para a escola. No total, foram utilizados 32 inquiridos para o estudo-piloto. Posteriormente, estes alunos não foram incluídos como inquiridos. Foi utilizado um coeficiente de correlação de 0,7 como medida de fiabilidade.

3.8.   Análise de dados

O investigador efectuou uma auditoria à acessibilidade dos terminais na área de estudo, a fim de determinar o efeito da conceção das instalações existentes na acessibilidade das pessoas com deficiência física. A investigação foi conduzida com base nos quatro objectivos do estudo, que produziram dados qualitativos e quantitativos. O primeiro objetivo produziu dados quantitativos sobre a conceção do passeio e do pavimento e o seu efeito na mobilidade das pessoas com deficiência física. O segundo objetivo produziu dados quantitativos sobre os lugares sentados. O objetivo três produziu dados qualitativos sobre a incorporação dos parâmetros do desenho universal no processo de conceção dos terminais.Os dados quantitativos foram apresentados através de estatísticas descritivas, enquanto os dados qualitativos foram apresentados através do método de análise de conteúdo, através do qual as ideias-chave sobre os parâmetros de design universal considerados durante o processo de design dos terminais de autocarros foram identificadas e agrupadas.

Capítulo IV: Resultados e discussão

4.1. Drop Off Acessível aos arredores

Os inquiridos foram convidados a avaliar se as entregas eram
nível. Os resultados são apresentados no quadro 4.1.

Tabela 4.1: Comparação de respostas específicas entre terminais
Nível de entrega

		Bungo Ma	Kisu mu	Baía de Kendu	Kakam ega	Total
Nunca	Não.	52	9	12	38	111
Raramente	%	46.8%	8.1%	10.8%	34.2%	100%
Algumas	Não.	11	11	37	0	59
vezes	%	18.6%	18.6%	62.7%	.0%	100%
Muito						
frequentem	Não.	8	18	33	4	63
ente	%	12.7%	28.6%	52.4%	6.3%	100%
Sempre						
Total	Não.	4	18	3	1	26
	%	15.4%	69.2%	11.5%	3.8%	100%
	Não.	32	24	0	0	56
	%	57.1%	42.9%	.0%	.0%	100%
	Não.	107	80	85	43	315
	%	34.0%	25.4%	27.0%	13.7%	100%

Os inquiridos que indicaram que os pontos de entrega nunca eram acessíveis às zonas circundantes eram 46,8% de Bungoma, 8,1% de Kisumu, 10,8% de Kendu Bay e 34,2% de Kakamega. A percentagem mais elevada de inquiridos que confirmaram que as entregas nunca eram acessíveis às zonas circundantes foi a dos que utilizaram o terminal de Bungoma (46,8%). Os inquiridos que afirmaram que as entregas raramente eram acessíveis eram 18,6% de Bungoma, 18,6% de Kisumu e 62,7% da Baía de Kendu. A percentagem mais elevada de inquiridos que afirmaram que os pontos de entrega raramente eram acessíveis às zonas circundantes foi a dos que utilizaram o terminal de Kendu Bay (67,2%).

As respostas que se enquadram na categoria de que as entregas são acessíveis com muita frequência foram as seguintes: 15,4% de Bungoma, 69,2% de Kisumu, 11,5% de Kendu Bay e 3,8% de Kakamega. A percentagem mais elevada de inquiridos que confirmaram que as entregas eram acessíveis com muita frequência às zonas circundantes foi a dos que utilizaram o terminal de Kisumu (69,2%). A repartição dos inquiridos que indicaram que os pontos de entrega eram sempre acessíveis foi a seguinte: 57,1% eram de Bungoma e 42,9% eram de Kisumu. A percentagem mais elevada de inquiridos nesta categoria foi a dos que utilizaram o terminal de Bungoma (57,1%).

Um cálculo das respostas que ilustram a evidência de condições incapacitantes implicaria ter em consideração os casos em que os inquiridos indicaram que as entregas nunca eram acessíveis ou raramente eram acessíveis. Este cálculo revelaria o seguinte: para Bungoma, 46,8% indicaram que as entregas nunca eram acessíveis, enquanto 18,6% afirmaram que nunca eram acessíveis. Isto dá um total de 65,4%. Em Kisumu, 10,8% dos inquiridos indicaram que as caixas de recolha nunca estavam acessíveis, enquanto 18,6% declararam que as caixas de recolha raramente estavam acessíveis. O total seria, portanto, de 29,4%.

As respostas da Baía de Kendu revelam que 10,8% dos inquiridos indicaram que os pontos de entrega nunca estavam acessíveis, enquanto 62,7% afirmaram que os pontos de entrega raramente estavam acessíveis. O total destes inquiridos seria, portanto, 73,5%. Os inquiridos em Kakamega que indicaram que as entregas nunca eram acessíveis foram 34,2%. Com base nestes resultados, pode concluir-se que os inquiridos de toda a área de estudo têm dificuldade em aceder às zonas próximas das entregas, uma vez que em Bungoma eram 65,4%, em Kisumu eram 29,4%, em Kendu Bay eram 73,5% e em Kakamega eram 34,2%. O Quadro 4.2 apresenta um inquérito adicional para determinar se as dificuldades sentidas se devem ao tipo de dispositivo de assistência utilizado.

Quadro 4.2: Acessibilidade dos pontos de entrega*Dispositivo de assistência

		Nenhum	W. cadeira	W. Pau	Andarer	O Crustches	Tricy-cle	S. Botas	Total
Nunca	Não	24	4	0	0	10	0	5	43
	%	7.6%	1.3%	.0%	.0%	3.2%	.0%	1.6%	13 .7%
Raramente	Não	4	2	1	0	5	0	0	12
	%	1.3%	.6%	.3%	.0%	1.6%	.0%	.0%	3.8%
Alguns tempos	Não	24	19	3	1	3	0	2	52
	%	7.6%	6.0%	1.0%	.3%	1.0%	.0%	.6%	16 .5%
Muito Frequentemente	Não	11	8	0	0	7	0	2	28
	%	3.5%	2.5%	.0%	.0%	2.2%	.0%	.6%	8.9%
Sempres	Não	66	74	1	0	28	1	10	180
	%	21.0%	23.5%	.3%	.0%	8.9%	.3%	3.2%	57.1%
Total	Não	129	107	5	1	53	1	19	315
	%	41%	34%	1.6%	.3%	16.8%	.3%	6.0%	100%

(Legenda: W.Chair= cadeira de rodas, W. Stick- bengala, S.Boots= Botas especiais)

Os inquiridos que não utilizavam dispositivos de assistência eram 41%, dos quais 7,6% afirmaram que as saídas nunca eram acessíveis, 1,3% confirmaram que as saídas raramente eram acessíveis, 7,6% afirmaram que eram por vezes acessíveis e 3,5% indicaram que as saídas eram acessíveis com muita frequência. Os utilizadores de cadeiras de rodas eram 34%, dos quais 1,3% indicaram que os locais de entrega nunca eram acessíveis, 0,6% confirmaram que os locais de entrega eram raramente acessíveis, 6% afirmaram que eram por vezes acessíveis, 2,5% referiram que eram acessíveis com muita frequência, enquanto 23,5% indicaram que os locais de entrega eram sempre acessíveis. Os inquiridos que utilizavam bengalas eram 1,6%, dos quais 0,3% afirmaram que as descidas raramente eram acessíveis, 1% confirmou que as descidas eram acessíveis às vezes, enquanto 0,3% confirmou que as descidas eram sempre acessíveis.

Todos os inquiridos que utilizavam andarilhos indicaram que as saídas eram acessíveis às vezes (0,3%). A distribuição das respostas entre os utilizadores de muletas foi a seguinte: 3,2% confirmaram que as saídas nunca eram acessíveis, 1,6% afirmaram que as saídas raramente eram acessíveis, 1% afirmaram que as saídas eram acessíveis às vezes, 2,2% afirmaram que as saídas eram acessíveis muito frequentemente, enquanto 8,9% confirmaram que as saídas eram sempre acessíveis. Todos os inquiridos que utilizaram triciclos indicaram que as descidas eram sempre acessíveis (0,3%), enquanto os utilizadores de botas especiais indicaram o seguinte: 1,6% afirmaram que as descidas nunca eram acessíveis, 0,6% confirmaram <u>que as descidas eram acessíveis às vezes, 0,6% afirmaram</u>

que as entregas eram acessíveis com muita frequência, enquanto 3,2% confirmaram que as entregas eram sempre acessíveis.

Uma comparação das respostas específicas em função da acessibilidade dos locais de entrega revela que os inquiridos que assinalaram que os locais de entrega nunca eram acessíveis eram 13,7%, dos quais 7,6% não utilizavam qualquer dispositivo de assistência, 1,3% utilizavam cadeiras de rodas, 3,2% utilizavam muletas e 1,6% utilizavam botas especiais. Os inquiridos que não utilizavam qualquer dispositivo de assistência constituíam a percentagem mais elevada de inquiridos que referiram que as entregas nunca eram acessíveis (7,6%). A distribuição dos inquiridos que afirmaram que os locais de entrega raramente eram acessíveis foi de 3,8%, dos quais 1,3% não utilizavam qualquer dispositivo de assistência, 0,6% utilizavam cadeiras de rodas, 0,3% utilizavam bengalas e 3,2% utilizavam muletas. A proporção mais elevada de inquiridos que indicaram que os locais de entrega raramente eram acessíveis foi a dos que não tinham dispositivos de assistência (1,3%).

Os inquiridos que declararam que as entregas eram por vezes acessíveis eram 16,5%, dos quais 7,6% não utilizavam qualquer dispositivo de assistência, 6% utilizavam cadeiras de rodas, 1% utilizavam bengalas, 0,3% andadores, 1% muletas e 0,6% botas especiais. A maior percentagem de inquiridos que afirmaram que as entregas eram por vezes acessíveis foram os que não utilizavam dispositivos de assistência (7,6%). A distribuição dos inquiridos que indicaram que as entregas eram acessíveis com muita frequência foi de 8,9%, dos quais 3,5% não utilizavam qualquer dispositivo de assistência, 2,5% utilizavam cadeiras de rodas, 2,2% utilizavam muletas e 0,6% utilizavam botas especiais. A proporção mais elevada de inquiridos que indicaram que as entregas eram acessíveis com muita frequência foi a dos que não utilizavam qualquer dispositivo de assistência (3,5%). Por último, os inquiridos que confirmaram que as entregas eram sempre acessíveis foram 57,1%, dos quais 21% não utilizavam qualquer dispositivo de assistência, 23,5% utilizavam cadeiras de rodas, 0,3% bengalas, 8,9% muletas, 0,3% triciclos e 3,2% botas especiais. A maior percentagem de respostas foi dada por utilizadores de cadeiras de rodas (23,5%).

4.2. Conceção do pavimento dos terminais de autocarros na área de estudo

Foi pedido aos inquiridos na área de estudo que avaliassem se os pavimentos eram acessíveis a partir de locais de entrega. O Quadro 4.3 apresenta os resultados.

Tabela 4.3: Pavimentos acessíveis a partir de pontos de entrega - Quénia Ocidental

		Bungoma	Kisumu	Baía de Kendu	Kakamega	Total
Nunca	Não.	63	21	3	2	89
	%	20%	6.7%	1%	.6%	28.3%
Raramente	Não.	7	24	12	5	48
	%	2.2%	7.6%	3.8%	1.6%	15.2%
Algumas vezes	Não.	15	12	52	25	104
	%	4.8%	3.8%	16.5%	7.9%	33%
Muito frequentemente	Não.	0	17	9	5	31
	%	.0%	5.4%	2.9%	1.6%	9.8%
Sempre	Não.	22	6	9	6	43
	%	7%	1.9%	2.9%	1.9%	13.7%
Total	Não.	107	80	85	43	315
	%	34%	25.4%	27%	13.7%	100%

Os inquiridos que indicaram que os passeios nunca eram acessíveis a partir dos pontos de entrega foram: 20% para Bungoma, 6,7% para Kisumu, 1% para Kendu Bay e 0,6% para Kakamega. Estas respostas indicam que a percentagem mais elevada de inquiridos que indicaram que os passeios raramente eram acessíveis se situava em Bungoma

(20%); enquanto o número mais baixo de inquiridos que indicaram que os passeios nunca eram acessíveis a partir dos pontos de entrega se situava em Kakamega (0,6%). Nalguns casos, os passeios raramente eram acessíveis a partir dos pontos de entrega (15,2%).

A repartição das respostas revela que 2,2% dos inquiridos em Bungoma, 7,6% dos inquiridos em Kisumu, 3,8% dos inquiridos em Kendu Bay e 1,6% dos inquiridos em Kakamega destacaram esta ocorrência. A partir das respostas, pode notar-se que o maior número de inquiridos que indicaram que os passeios raramente eram acessíveis era de Kisumu (7,6%); enquanto Kakamega tinha a percentagem mais baixa de inquiridos que indicaram que os passeios raramente eram acessíveis a partir dos locais de entrega.

Os inquiridos que indicaram que os passeios eram por vezes acessíveis a partir dos pontos de entrega eram 33%, dos quais 4,8% eram do terminal de Bungoma, 3,8% eram do terminal de Kisumu, 16,5% eram de Kendu Bay, enquanto 7,9% eram de Kakamega. A percentagem mais baixa de inquiridos que destacaram este cenário estava localizada em Kisumu (3,8%); enquanto a percentagem mais elevada era de Kendu Bay (16,5%). Os inquiridos que indicaram que os passeios eram sempre acessíveis a partir dos pontos de entrega foram 9,8%, dos quais nenhum era de Bungoma; enquanto 5,4% eram de Kisumu; 2,9% eram de Kendu Bay e 1,6% eram de Kakamega.

A percentagem mais elevada de inquiridos nesta categoria estava localizada em Kisumu (5,4%). A percentagem total de inquiridos que indicaram que os passeios eram sempre acessíveis a partir dos pontos de entrega foi de 13,7%, dos quais 7% eram de Bungoma; 1,9% eram de Kisumu; 2,9% eram de Kendu Bay e 1,9% eram de Kakamega. A percentagem mais elevada de inquiridos que confirmaram que as entregas eram sempre acessíveis aos passeios situava-se em Bungoma (7%).

4.3. Conceção da superfície do pavimento

Os impedimentos à livre mobilidade destacados pelos inquiridos em toda a área de estudo foram: superfície irregular do pavimento, pavimentos não pavimentados, pavimentos escorregadios, presença de grelhas de drenagem ao longo do percurso pedestre e declives acentuados. Estas barreiras foram discutidas em pormenor nas secções seguintes. Foi pedido aos inquiridos na área de estudo que avaliassem a superfície dos pavimentos dos terminais de autocarros na área de estudo. A Tabela 4.4 revela as respostas.

Tabela 4.4: Nível da superfície do pavimento - Quénia Ocidental

		Bungoma	Kisumu	Baía de Kendu	Kakameg a	Total
Nunca	Não.	47	24	9	20	100
Rarament	%	14.9%	7.6%	2.9%	6.3%	31.7%
e	Não.	10	19	3	2	34
Algum	%	3.2%	6.0%	1.0%	.6%	10.8%
tempo	Não.	23	22	15	15	75
es	%	7.3%	7.0%	4.8%	4.8%	23.8%
Muito	Não.	4	8	55	1	68
frequente	%	1.3%	2.5%	17.5%	.3%	21.6%
mente	Não.	23	7	3	5	38
Sempre	%	7.3%	2.2%	1.0%	1.6%	12.1%
Total	Não.	107	80	85	43	315
	%	34.0%	25.4%	27.0%	13.7%	100%

Em toda a área de estudo, a repartição das respostas revela que 31,7% dos inquiridos revelaram que as passadeiras nunca estavam niveladas, 10,8% afirmaram que as passadeiras raramente estavam niveladas, 23,8% indicaram que as passadeiras estavam por vezes niveladas, 21,6% observaram que as passadeiras estavam niveladas muito frequentemente, enquanto 12,1% indicaram que estavam niveladas muito frequentemente. Estas respostas indicam que a maior parte dos inquiridos indicou que as passadeiras nunca são regulares (37,1%). A repartição dos inquiridos que indicaram que os pavimentos nunca estavam nivelados (31,7%) era a seguinte: 14,9% eram de Bungoma, 7,6% de Kisumu, 2,9% de Kendu Bay e 6,3% de Kakamega.

O maior número de inquiridos que indicaram que a superfície do pavimento nunca estava nivelada estava localizado em Bungoma (14,9%). Por outro lado, os inquiridos que indicaram que os pavimentos raramente estavam nivelados eram 10,8%. A distribuição destas respostas é tal que 3,2% se situam em Bungoma, 6% em Kisumu, 1% em Kendu Bay e 0,6% em Kakamega. A maior parte dos inquiridos que indicaram que a superfície dos pavimentos raramente estava nivelada encontrava-se em Kisumu

(6%). A Tabela 4.5 apresenta uma análise mais pormenorizada das respostas dadas em terminais específicos.

Tabela 4.5: Respostas uniformes da superfície do pavimento em terminais específicos

		Bungoma	Kisumu	Baía de Kendu	Kakamega	Total
Nunca	Não.	47	24	9	20	100
	%	43.9%	30.0%	10.6%	46.5%	31.7%
Raramente	Não.	10	19	3	2	34
	%	9.3%	23.8%	3.5%	4.7%	10.8%
Em algum momento s	Não.	23	22	15	15	75
	%	21.5%	27.5%	17.6%	34.9%	23.8%
Muito frequente mente	Não.	4	8	55	1	68
	%	3.7%	10.0%	64.7%	2.3%	21.6%
Sempre	Não.	23	7	3	5	38
	%	21.5%	8.8%	3.5%	11.6%	12.1%
Total	Não.	107	80	85	43	315
	%	100%	100%	100%	100%	100%

Em Bungoma, 43,9% dos inquiridos indicaram que o pavimento nunca estava nivelado, 9,3% afirmaram que os pavimentos raramente estavam nivelados. Outros 21,5% referiram que os pavimentos eram nivelados às vezes, 3,7% revelaram que os pavimentos eram nivelados muito frequentemente, enquanto 21,5% indicaram que os pavimentos eram sempre nivelados. Em Bungoma, os inquiridos que afirmaram que os pavimentos nunca estavam nivelados (43,9%) e que os pavimentos raramente estavam nivelados (9,3%) foram os que sofreram condições incapacitantes.

Esta percentagem ascende a 53,2%. As seguintes respostas foram reveladas para Kisumu: 30% indicaram que os pavimentos nunca estavam nivelados, 23,8% indicaram que os pavimentos raramente estavam nivelados, 27,5% indicaram que os pavimentos estavam nivelados às vezes, 10% indicaram que os pavimentos estavam nivelados muito frequentemente, enquanto 8,8% confirmaram que os pavimentos eram sempre acessíveis. Em Kisumu, os inquiridos que afirmaram que os pavimentos nunca estavam nivelados (30%) e que os pavimentos raramente estavam nivelados (23,8%) foram os que experimentaram condições incapacitantes. Esta percentagem ascende a 53,8%.

Na Baía de Kendu, as respostas reveladas foram as seguintes: 10,6% afirmaram que os pavimentos nunca estavam nivelados, 3,5% revelaram que os pavimentos raramente estavam nivelados, 17,6% indicaram que os pavimentos estavam por vezes nivelados, 64,7% observaram que os pavimentos estavam nivelados muito frequentemente, enquanto 3,5% confirmaram que os pavimentos estavam sempre nivelados. Estas respostas revelam que os inquiridos que afirmaram que os pavimentos nunca estavam nivelados (10,6%) e que os pavimentos raramente estavam nivelados (3,5%) foram os que sofreram condições incapacitantes. Esta percentagem ascende a 13,8%.

Os inquiridos em Kakamega destacaram o seguinte: 46,5% referiram que os pavimentos nunca estavam nivelados, 4,7% afirmaram que os pavimentos raramente estavam nivelados, 34,9% indicaram que os pavimentos estavam nivelados às vezes, 2,3% referiram que os pavimentos estavam nivelados muito frequentemente, enquanto 11,6% revelaram que os pavimentos estavam sempre nivelados. Os inquiridos que sofreram condições incapacitantes em Kakamega foram os que indicaram que os pavimentos nunca estavam nivelados <u>(46,5%) e os que afirmaram que os pavimentos raramente estavam</u> nivelados (4,7%). Esta percentagem ascende a 51,2%. A Tabela 4.6 apresenta uma comparação das respostas dadas em todos os terminais.

Tabela 4.6: Superfície do pavimento uniforme - Comparação entre terminais

		Bungoma	Kisumu	Baía de Kendu	Kakamega	Total
Nunca	Não.	47	24	9	20	100
	%	47.0%	24.0%	9.0%	20.0%	100%
Rarament e	Não.	10	19	3	2	34
	%	29.4%	55.9%	8.8%	5.9%	100%
Alguns meses	Não.	23	22	15	15	75
	%	30.7%	29.3%	20.0%	20.0%	100%
Muito frequente mente	Não.	4	8	55	1	68
	%	5.9%	11.8%	80.9%	1.5%	100%
Sempre	Não.	23	7	3	5	38
	%	60.5%	18.4%	7.9%	13.2%	100%
Total	Não.	107	80	85	43	315
	%	34.0%	25.4%	27.0%	13.7%	100%

Em todos os terminais, os inquiridos que indicaram que as passadeiras nunca estavam niveladas eram 47% em Bungoma, 24% em Kisumu, 9% em Kendu Bay e 20% em Kakamega. O número mais elevado de inquiridos que indicaram que as passadeiras nunca estavam niveladas foi em Bungoma (47%). Os inquiridos que indicaram que as passadeiras raramente estavam niveladas eram 29,4% de Bungoma, 55,9% de Kisumu, 8,8% de Kendu Bay e 5,9% de Kakamega. A <u>percentagem mais elevada de inquiridos que indicaram que as passadeiras </u>raramente estavam niveladas foi colocada em Kisumu. A distribuição dos inquiridos que indicaram que as passadeiras eram por vezes niveladas era a seguinte: 30,7% eram de Bungoma, 29,3% eram de Kisumu, 20% eram de Kendu Bay e 20% eram de Kakamega. O maior número de inquiridos que indicaram que as passadeiras eram por vezes planas era de Bungoma (30,7%).

Os inquiridos que indicaram que as passadeiras eram mesmo muito frequentes eram 5,9% de Bungoma, 11,8% de Kisumu, 80,9% de Kendu Bay e 1,5% de Kakamega. A maior parte dos inquiridos que indicaram que as passadeiras eram mesmo muito frequentes eram de Kendu Bay (80,9%). A distribuição dos inquiridos que indicaram que as passadeiras estavam sempre niveladas era a seguinte: 60,5% eram de Bungoma, 18,4% eram de Kisumu, 7,95 eram de Kendu Bay e 13,2% eram de Kakamega. A percentagem mais elevada de inquiridos que indicaram que as passadeiras estavam sempre niveladas era de Bungoma (60,5%). A tabulação dos resultados com base no dispositivo de assistência utilizado é apresentada no Quadro 4. 7.

Tabela 4.7: Superfície do pavimento uniforme*Dispositivo de apoio utilizado

		Nenhum	W. cadeira	W. Pau	Andarilho	Crutches	Clave complicada	S. Botas	Total
Nunca	Não.	40	36	0	1	18	0	5	100
	%	12.7%	11.4%	.0%	.3%	5.7%	.0%	1.6%	31.7%
Raramente	Não.	19	11	0	0	3	1	0	34
	%	6.0%	3.5%	.0%	.0%	1.0%	.3%	.0%	10.8%
Someti malha	Não.	24	26	2	0	19	0	4	75
	%	7.6%	8.3%	.6%	.0%	6.0%	.0%	1.3%	23.8%
Muito frequentemente	Não.	38	9	1	0	11	0	9	68
	%	12.1%	2.9%	.3%	.0%	3.5%	.0%	2.9%	21.6%
Sempre	Não.	8	25	2	0	2	0	1	38
	%	2.5%	7.9%	.6%	.0%	.6%	.0%	.3%	12.1%
Total	Não.	129	107	5	1	53	1	19	315
	%	41.0%	34.0%	1.6%	.3%	16.8%	.3%	6.0%	100%

(Legenda: W.Chair= cadeira de rodas, W. Stick- bengala, S.Boots= botas especiais)

A percentagem total de inquiridos que não utilizaram qualquer dispositivo de apoio foi de 41%. A distribuição das respostas dadas por esta categoria de estudantes é a seguinte: 12,7% indicaram que as passadeiras nunca estavam niveladas, enquanto 6% assinalaram que raramente estavam niveladas, 7,6% afirmaram que as passadeiras estavam niveladas às vezes, enquanto 12,1 assinalaram que as passadeiras estavam niveladas muito frequentemente, enquanto 2,5% assinalaram que as passadeiras estavam sempre niveladas.

Estas respostas revelam que a percentagem mais elevada indicou que as passadeiras nunca estavam niveladas (12,7%). Na área de estudo, os inquiridos que utilizavam cadeiras de rodas eram 34%. A repartição das respostas revela que 11,4% indicaram que as passadeiras nunca estavam niveladas, 3,5% afirmaram que 8,3% notaram que as passadeiras estavam niveladas às vezes, 2,9% sugeriram que as passadeiras estavam niveladas muito frequentemente, enquanto 7,9% indicaram que as passadeiras estavam sempre niveladas.

Os alunos que utilizam bengalas são 1,6%. A repartição das suas respostas revela que 0,6% assinalaram que as passadeiras eram regulares às vezes, 0,3% assinalaram que as passadeiras eram regulares muito frequentemente, enquanto 0,6% indicaram que as passadeiras eram sempre regulares. Nenhum dos inquiridos que utilizavam bengalas indicou que as passadeiras nunca eram regulares ou raramente eram regulares. Os inquiridos que utilizavam andarilhos eram 0,3%. Todos estes inquiridos indicaram que as passadeiras nunca estavam niveladas (0,3%). Os utilizadores de muletas na área de estudo eram 6,8%.

A distribuição das suas respostas revela que 5,7% indicaram que as passadeiras nunca estavam niveladas, 1% referiu que as passadeiras raramente estavam niveladas, 6% afirmou que as passadeiras estavam por vezes niveladas, 3,5% indicou que as passadeiras estavam por vezes niveladas, enquanto 0,6% afirmou que as passadeiras estavam sempre niveladas. Os inquiridos que utilizavam triciclos eram 0,3% e todos eles indicaram que as passadeiras <u>raramente eram niveladas. Os utilizadores de botas especiais eram 6% e as suas respostas revelam</u> que 1,6% referiram que as passadeiras nunca estavam niveladas, 1,3% afirmaram que as passadeiras estavam niveladas às vezes, 2,9% indicaram que as passadeiras estavam niveladas muito frequentemente, enquanto 0,3% confirmaram que as passadeiras estavam sempre niveladas.

Uma comparação das respostas específicas em função dos dispositivos de assistência revela que os inquiridos que referiram que as passadeiras nunca estavam niveladas eram 31,7%, dos quais 12,7% não utilizavam qualquer dispositivo de assistência, 11,4% utilizavam cadeiras de rodas, 0,3% andadores, 5,7% muletas e 1,6% botas especiais. Os inquiridos que não utilizavam qualquer dispositivo de assistência constituíam a percentagem mais elevada de inquiridos que referiram que as passadeiras nunca estavam niveladas (12,7%). A distribuição dos inquiridos que afirmaram que as passadeiras raramente eram regulares foi de 10,8%, dos quais 6% não utilizavam qualquer dispositivo de assistência, 3,5% utilizavam cadeiras de rodas, 0,3% andadores, 5,7% muletas e 1,6% botas especiais.

A percentagem mais elevada de inquiridos que indicaram que as passadeiras raramente eram regulares foi a dos que não tinham dispositivos de assistência (6%). Os inquiridos que afirmaram que as passadeiras eram por vezes regulares eram 23,8%, dos quais 7,6% não utilizavam qualquer dispositivo de assistência, 8,3% utilizavam cadeiras de rodas, 0,6% utilizavam bengalas, 6% utilizavam muletas e 1,3% utilizavam botas especiais. A maior percentagem de inquiridos que afirmaram que as passadeiras eram por vezes regulares eram utilizadores de cadeiras de rodas (8,3%). A distribuição <u>dos inquiridos que indicaram que as passadeiras eram regulares com muita frequência</u> foi de 21,6%, dos quais 12,1% não utilizavam qualquer dispositivo de assistência, 2,9% utilizavam cadeiras de rodas, 0,3% utilizavam bengalas, 3,5% utilizavam muletas e 2,9% utilizavam botas especiais. A percentagem mais elevada de inquiridos que indicaram que as passadeiras eram mesmo muito frequentes foi a dos que não utilizavam qualquer dispositivo de apoio (12,1%).

Por último, os inquiridos que confirmaram que as passadeiras estavam sempre niveladas foram 12,1%, dos quais 2,5% não utilizavam qualquer dispositivo de assistência, 7,9% utilizavam cadeiras de rodas, 0,6% bengalas, 0,6% muletas e 0,3% botas especiais. A maior percentagem de respostas foi dada por utilizadores de cadeiras de rodas (7,9%). A Tabela 4.8 apresenta uma comparação das respostas dadas relativamente ao dispositivo de apoio utilizado.

Tabela 4.8: Dispositivo de assistência utilizado* Comparação de respostas.

| | | Tipo de dispositivo de assistência utilizado | | | | | | | |
		Nenh um	W. cadeir a	W. Pau	Andar ilho	O Crustc hes	Tricic lo	S. Botas	Total
Nunca	Não.	40	36	0	1	18	0	5	100
	%	31%	33.6%	.0%	100%	34.0%	.0%	26.3%	31.7%
Rarame nte	Não.	19	11	0	0	3	1	0	34
	%	14.7%	10.3%	.0%	.0%	5.7%	100%	.0%	10.8%
Alguma s vezes	Não.	24	26	2	0	19	0	4	75
	%	18.6%	24.3%	40%	.0%	35.8%	.0%	21.1%	23.8%
Muito frequent emente	Não.	38	9	1	0	11	0	9	68
	%	29.5%	8.4%	20%	.0%	20.8%	.0%	47.4%	21.6%
Sempre s	Não.	8	25	2	0	2	0	1	38
	%	6.2%	23.4%	40%	.0%	3.8%	.0%	5.3%	12.1%
Total	Não.	129	107	5	1	53	1	19	315
	%	100%	100%	100%	100%	100%	100%	100%	100%

(Legenda: W.Chair= cadeira de rodas, W. Stick- bengala, S.Boots= botas especiais)
Uma análise mais detalhada das respostas com base no dispositivo de assistência utilizado indica que, na categoria em que não é utilizado qualquer dispositivo de assistência, 31% dos inquiridos referiram que as passadeiras nunca estavam niveladas, <u>14,7% referiram que as passadeiras raramente estavam niveladas, 18,6% afirmaram que</u> às vezes estavam niveladas, 29,5% indicaram que as passadeiras estavam niveladas muito frequentemente, enquanto 6,2% afirmaram que as passadeiras estavam sempre niveladas. A maioria dos inquiridos teve dificuldade em atravessar as passadeiras na área de estudo, uma vez que 31% referiram que as passadeiras nunca estavam niveladas, enquanto 14,7% referiram que nunca estavam niveladas.

As respostas dos utilizadores de cadeiras de rodas indicam que 33,6% afirmaram que as passadeiras nunca estavam niveladas, 10,3% referiram que raramente estavam niveladas, 24,3% indicaram que às vezes estavam niveladas, 8,4% referiram que as passadeiras estavam niveladas muito frequentemente, enquanto 23,4% afirmaram que estavam sempre niveladas. Estas respostas revelam que os utilizadores de cadeiras de rodas têm dificuldade em passar por cima de passadeiras que não são niveladas, uma vez que 33,6% indicaram que estas passadeiras raramente são niveladas, enquanto 10,3% referiram que raramente são niveladas. Por conseguinte, o número total de utilizadores de cadeiras de rodas que sentiram dificuldades foi de 43,9%.

O investigador constatou que o principal obstáculo presente no pavimento era o assentamento diferencial do betão. Este assentamento diferencial do betão dificultava a livre mobilidade dos alunos em diferentes graus - dependendo do dispositivo de assistência utilizado. Os alunos que utilizavam cadeiras de rodas eram os que apresentavam maior incapacidade, seguidos dos utilizadores de muletas e bengalas. O investigador observou que as barreiras na superfície dos pavimentos na área de estudo incluíam: pequenas pedras, seixos e buracos.

4.4. Pavimentos escorregadios

Outra barreira à mobilidade apontada pelos inquiridos foi a presença de pavimentos escorregadios na área de estudo. A Tabela 4.9 apresenta uma discriminação das dificuldades sentidas pelos inquiridos.

Tabela 4.9: Superfície do pavimento não escorregadia - Quénia Ocidental

		Bung oma	Kisu- mu	Baía de Kend u	Kakam ega	Total
Nunca	Não.	43	19	70	43	175
	%	13.7%	6.0%	22.2%	13.7%	55.6%
Rarame nte	Não.	2	38	0	0	40
	%	.6%	12.1%	.0%	.0%	12.7%
Alguma s vezes	Não.	42	8	12	0	62
	%	13.3%	2.5%	3.8%	.0%	19.7%
Muito frequent emente	Não.	3	7	3	0	13
	%	1.0%	2.2%	1.0%	.0%	4.1%
Sempre	Não.	17	8	0	0	25
	%	5.4%	2.5%	.0%	.0%	7.9%
Total	Não.	107	80	85	43	315
	%	34.0%	25.4%	27.0%	13.7%	100%

Os inquiridos que indicaram que a superfície do pavimento nunca foi antiderrapante eram 55,6%. A repartição dos inquiridos revela que 13,7% eram de Bungoma, 6% de Kisumu, 22,2% de Kendu Bay e 13,7% de Kakamega.

A repartição dos inquiridos que indicaram que os pavimentos raramente eram antiderrapantes foi a seguinte: 0,6% eram de Bungoma e 12,1% eram de Kisumu. Isto perfaz um total de 12,7%. Os estudantes que indicaram que os passeios eram por vezes escorregadios eram 19,7%.

A distribuição dos inquiridos é tal que 13,3% eram de Bungoma, 2,5% eram de Kisumu e 3,8% eram de Kendu Bay. Um total de 4,1% dos inquiridos indicou que os pavimentos são antiderrapantes com muita frequência. A distribuição dos inquiridos é tal que 1% era de Bungoma, 2,2% de Kisumu e 1% da Baía de Kendu. Os inquiridos que indicaram que os pavimentos eram antiderrapantes com muita frequência eram 5,4% de Bungoma e 2,5% de Kisumu.

Os alunos que indicaram que os pavimentos nunca eram antiderrapantes e que raramente eram antiderrapantes foram os que sentiram dificuldades. O cálculo destes resultados revela que, em Bungoma, 13,7% afirmaram que os pavimentos nunca eram antiderrapantes, enquanto 0,6% indicaram que os pavimentos raramente eram antiderrapantes. A percentagem total de inquiridos em Bungoma que sentiram dificuldades foi, portanto, de 14,3%. Em Kisumu, os inquiridos que sentiram dificuldades foram os seguintes: 6% afirmaram que os pavimentos nunca eram antiderrapantes, enquanto 12,1% afirmaram que os pavimentos raramente eram antiderrapantes.

A percentagem total de inquiridos em Kisumu que sentiram dificuldades foi, portanto, de 18,1%. Em Kendu Bay, 22,2% dos inquiridos referiram que os passeios nunca eram antiderrapantes, enquanto em Kakamega, 13,7% dos inquiridos confirmaram que os passeios nunca eram antiderrapantes. Com base nestes resultados, a percentagem mais elevada de estudantes que sentiram dificuldades situa-se em Kendu Bay (22,2%). A apresentação das respostas específicas em cada uma das cidades é apresentada na Tabela 4.10.

Tabela 4.10: Superfície do pavimento resistente ao deslizamento - Respostas em terminais específicos.

		Bungoma	Kisumu	Baía de Kendu	Kakamega	Total
Nunca	Não.	43	19	70	43	175
	%	40.2%	23.8%	82.4%	100.0%	55.6%
Raramente	Não.	2	38	0	0	40
	%	1.9%	47.5%	.0%	.0%	12.7%
Alguns meses	Não.	42	8	12	0	62
	%	39.3%	10.0%	14.1%	.0%	19.7%
Muito frequentemente	Não.	3	7	3	0	13
	%	2.8%	8.8%	3.5%	.0%	4.1%
Sempre	Não.	17	8	0	0	25
	%	15.9%	10.0%	.0%	.0%	7.9%
Total	Não.	107	80	85	43	315
	%	100%	100%	100%	100%	100%

A repartição das respostas em Bungoma é a seguinte: 40,2% afirmaram que os pavimentos nunca são antiderrapantes, 1,9% indicaram que os pavimentos raramente são antiderrapantes, 39,3% confirmaram que os pavimentos são por vezes antiderrapantes, 2,8% indicaram que são

antiderrapante com muita frequência, enquanto 15,9% afirmaram que os pavimentos eram antiderrapantes sempre.

Em Kisumu, o cenário prevalecente era tal que 23,8% afirmaram que os pavimentos nunca eram antiderrapantes, 47,5% confirmaram que os pavimentos raramente eram antiderrapantes, 10% indicaram que os pavimentos eram antiderrapantes às vezes, 8,8% observaram que os pavimentos eram antiderrapantes muito frequentemente, enquanto 10% confirmaram que os pavimentos eram antiderrapantes sempre. Em Kendu Bay, 82,4% indicaram que os pavimentos nunca eram antiderrapantes, enquanto 14,1% indicaram que os pavimentos eram por vezes escorregadios. Em Kakamega, a distribuição das respostas foi tal que todos os inquiridos indicaram que os pavimentos nunca eram antiderrapantes. A distribuição das respostas individuais é apresentada na Tabela 4.11.

Tabela 4.11: Superfície do pavimento resistente ao deslizamento - Comparação das respostas em terminais específicos

		Bungoma	Kisumu	Baía de Kendu	Kakamega	Total
Nunca	Não.	43	19	70	43	175
	%	24.6%	10.9%	40.0%	24.6%	100%
Raramente	Não.	2	38	0	0	40
	%	5.0%	95.0%	.0%	.0%	100%
Someti malha	Não.	42	8	12	0	62
	%	67.7%	12.9%	19.4%	.0%	100%
Muito frequente mente	Não.	3	7	3	0	13
	%	23.1%	53.8%	23.1%	.0%	100%
Sempre	Não.	17	8	0	0	25
	%	68.0%	32.0%	.0%	.0%	100%
Total	Não.	107	80	85	43	315
	%	34.0%	25.4%	27.0%	13.7%	100%

Em toda a área de estudo, a distribuição dos inquiridos que indicaram que os pavimentos nunca eram antiderrapantes foi a seguinte 24,5% eram de Bungoma, 10,9% eram de Kisumu, 40% eram de Kendu Bay e 24,6% eram de Kakamega. A maior proporção de inquiridos desta categoria era de Kendu Bay (40%). A distribuição dos inquiridos que indicaram que os pavimentos raramente eram antiderrapantes foi tal que 5% eram de Bungoma e 95% eram de Kisumu. Os inquiridos que indicaram que os pavimentos eram por vezes antiderrapantes eram 67,7% de Bungoma, 12,9% de

Kisumu e 19,4% de Kendu Bay. A percentagem mais elevada de inquiridos nesta categoria era de Bungoma (67,7%).

A distribuição dos inquiridos que indicaram que os pavimentos são antiderrapantes com muita frequência foi a seguinte: 23,1% eram de Bungoma, 53,8% eram de Kisumu e 23,1% eram de Kendu Bay. A maior proporção de inquiridos nesta categoria estava localizada no terminal de Kisumu. Os inquiridos que indicaram que os pavimentos eram sempre antiderrapantes eram 68% de Bungoma e 32% de Kisumu. A Tabela 4.12 apresenta uma tabulação dos inquiridos com base no dispositivo de assistência.

Tabela 4.12: Superfície do pavimento resistente ao deslizamento * Tipo de dispositivo de assistência utilizado

		Nenhum	W. cadeira	W. Pau	Andarilho	Crutches	Triciclo	S. Botas	Total
Nunca	Não.	76	48	1	1	34	0	15	175
	%	24.1%	15.2%	.3%	.3%	10.8%	.0%	4.8%	55.6%
Raramente	Não.	20	11	2	0	7	0	0	40
	%	6.3%	3.5%	.6%	.0%	2.2%	.0%	.0%	12.7%
Someti malha	Não.	17	30	1	0	11	0	3	62
	%	5.4%	9.5%	.3%	.0%	3.5%	.0%	1.0%	19.7%
Muito frequentemente	Não.	8	2	0	0	1	1	1	13
	%	2.5%	.6%	.0%	.0%	.3%	.3%	.3%	4.1%
Sempres	Não.	8	16	1	0	0	0	0	25
	%	2.5%	5.1%	.3%	.0%	.0%	.0%	.0%	7.9%
Total	Não.	129	107	5	1	53	1	19	315
	%	41.0%	34.0%	1.6%	.3%	16.8%	.3%	6.0%	100%

(Legenda: W.Chair= cadeira de rodas, W. Stick- bengala, S.Boots= botas especiais)

Os inquiridos que não utilizaram qualquer dispositivo de assistência constituíram 41% da percentagem total de inquiridos. As respostas dentro desta categoria são as seguintes: 24,1% indicaram que os passeios nunca eram antiderrapantes, 6,3%

afirmaram que os passeios raramente eram antiderrapantes, 5,4% indicaram que os passeios às vezes eram antiderrapantes, 2,5% afirmaram que os passeios eram antiderrapantes muito frequentemente, enquanto 2,5% confirmaram que os pavimentos são sempre antiderrapantes. A conceção predominante do pavimento constituiu assim uma barreira para os inquiridos que indicaram que os pavimentos nunca eram antiderrapantes (24,1%) e para os que indicaram que os pavimentos raramente eram antiderrapantes (6,3%). A percentagem total de inquiridos que não utilizavam qualquer dispositivo de assistência, mas que referiram a presença de pavimentos escorregadios, foi de 30,4%.

A resposta dos utilizadores de cadeiras de rodas foi a seguinte: 15,2% afirmaram que os pavimentos nunca eram antiderrapantes, 3,5% confirmaram que os pavimentos raramente eram antiderrapantes, 9,5% afirmaram que os pavimentos eram antiderrapantes às vezes, 0,6% indicaram que os pavimentos eram antiderrapantes muitas vezes, enquanto 5,1% afirmaram que os pavimentos eram sempre antiderrapantes. Estas respostas confirmam que os pavimentos escorregadios apresentam uma caraterística incapacitante para os inquiridos que indicaram que os pavimentos raramente são antiderrapantes (15,2%) e para os que afirmaram que os pavimentos raramente são antiderrapantes (3,5%).

A percentagem de utilizadores de bengalas na área de estudo era de 1,6%.

A distribuição das suas respostas é tal que 0,3% afirmam que os passeios nunca são antiderrapantes, 0,6% confirmam que os passeios raramente são antiderrapantes, 0,3% referem que os passeios são antiderrapantes às vezes, enquanto 0,3% referem que os passeios são sempre antiderrapantes. Por conseguinte, a percentagem de utilizadores de bengalas que sofreram incapacidades devido à presença de pavimentos escorregadios foi de 1,9%. Na área de estudo, os utilizadores de muletas indicaram o seguinte: 10,8% indicaram que os pavimentos nunca eram antiderrapantes, 2,2% confirmaram que os pavimentos raramente eram antiderrapantes, 3,5% indicaram que os pavimentos eram por vezes antiderrapantes, 0,3% confirmaram que os pavimentos eram antiderrapantes muito frequentemente. Os inquiridos que indicaram que os pavimentos nunca são antiderrapantes (10,8%) e que os pavimentos raramente são antiderrapantes (2,2%) sofrem de problemas de incapacidade. Esta percentagem totaliza 13%. Os utilizadores de botas especiais confirmaram o seguinte: 4,8% referiram que os passeios nunca eram antiderrapantes, 1% referiu que os passeios eram antiderrapantes às vezes, enquanto 0,3% indicou que os passeios eram antiderrapantes muitas vezes. Os inquiridos que sofreram condições incapacitantes devido a pavimentos escorregadios foram 4,8%.

Uma comparação das respostas específicas em função dos dispositivos de assistência revela que os inquiridos que assinalaram que as superfícies dos pavimentos nunca eram antiderrapantes eram 55,6%, dos quais 24,1% não utilizavam qualquer dispositivo de assistência, 15,2% utilizavam cadeiras de rodas, 0,3% bengalas, 0,3% andarilhos, 10,8% muletas e 4,8% botas especiais. Os inquiridos que não utilizavam qualquer dispositivo de apoio constituíam a percentagem mais elevada de inquiridos que referiram que as superfícies dos pavimentos nunca eram antiderrapantes (24,1%). A distribuição dos inquiridos que afirmaram que as superfícies dos pavimentos raramente eram antiderrapantes foi de 12,7%, dos quais 6,3% não utilizavam qualquer dispositivo de apoio, 3,5% utilizavam cadeiras de rodas, 0,6% utilizavam bengalas e 2,2% utilizavam muletas. A percentagem mais elevada de inquiridos que indicaram que as superfícies dos pavimentos raramente eram antiderrapantes foi a dos que não utilizavam dispositivos de assistência (6,3%).

Os inquiridos que afirmaram que as superfícies dos pavimentos eram por vezes antiderrapantes eram 19,7%, dos quais 5,4% não utilizavam qualquer dispositivo de assistência, 9,5% utilizavam cadeiras de rodas, 0,3% utilizavam bengalas, 3,5% utilizavam muletas e 1% utilizavam botas especiais. A maior percentagem de inquiridos que afirmaram que as superfícies dos passeios eram por vezes antiderrapantes eram utilizadores de cadeiras de rodas (9,5%). A distribuição dos inquiridos que indicaram que as superfícies dos pavimentos eram antiderrapantes com muita frequência foi de 4,1%, dos quais 2,5% não utilizavam qualquer dispositivo de assistência, 0,6% utilizavam cadeiras de rodas, 0,3% utilizavam muletas, 0,3% utilizavam triciclos e 0,3% utilizavam botas especiais. A percentagem mais elevada de inquiridos que indicaram que as superfícies dos pavimentos eram antiderrapantes com muita frequência foi a dos que não utilizavam qualquer dispositivo de apoio (2,5%). Por último, os inquiridos que confirmaram que as superfícies dos pavimentos eram sempre antiderrapantes foram 7,9%, dos quais 2,5% não utilizavam qualquer dispositivo de apoio, 5,1% utilizavam cadeiras de rodas e 0,3% utilizavam bengalas. A maior percentagem de respostas foi dada por utilizadores de cadeiras de rodas (5,1%). A Tabela 4.13 apresenta a distribuição das respostas consoante o dispositivo de apoio utilizado.

Tabela 4.13: Superfície do pavimento resistente ao deslizamento* Distribuição das respostas consoante o dispositivo de assistência utilizado

		Nenhum	W. cadeira	W. Pau	Andarilho	Crutches	Triciclo	S. Botas	Total
Nunca	Não	76	48	1	1	34	0	15	175
	%	58.9%	44.9%	20.0%	100%	64.2%	.0%	78.9%	55.6%
Raramente	Não	20	11	2	0	7	0	0	40
	%	15.5%	10.3%	40.0%	.0%	13.2%	.0%	.0%	12.7%
Someti malha	Não	17	30	1	0	11	0	3	62
	%	13.2%	28.0%	20.0%	.0%	20.8%	.0%	15.8%	19.7%
Muito frequentemente	Não	8	2	0	0	1	1	1	13
	%	6.2%	1.9%	.0%	.0%	1.9%	100%	5.3%	4.1%
Sempre	Não	8	16	1	0	0	0	0	25
	%	6.2%	15.0%	20.0%	.0%	.0%	.0%	.0%	7.9%
Total	Não	129	107	5	1	53	1	19	315
	%	100%	100%	100%	100%	100%	100%	100%	100%

(Legenda: W.Chair= cadeira de rodas, W. Stick- bengala, S.Boots= Botas especiais)

Os inquiridos que não dispunham de dispositivos de assistência referiram o seguinte: 58,9% confirmaram que as superfícies dos pavimentos não eram antiderrapantes,

15,5% indicaram que os pavimentos eram escorregadios, 13,2% confirmaram que os pavimentos eram escorregadios por vezes, 6,2% referiram que eram escorregadios com muita frequência, enquanto 6,2% referiram que eram sempre escorregadios. As superfícies dos pavimentos apresentavam, portanto, condições incapacitantes para os inquiridos que indicaram que os pavimentos eram escorregadios às vezes (13,2%), muito frequentemente (6,2%) e sempre (6,2%).

A percentagem total de inquiridos que não utilizavam dispositivos de assistência, mas que sofriam de incapacidade devido a pavimentos escorregadios, era de 25,6%. As respostas dos utilizadores de cadeiras de rodas foram as seguintes: 44,9% confirmaram que os passeios nunca estavam escorregadios, 10,3% indicaram que os passeios raramente estavam escorregadios, 28% confirmaram que os passeios estavam escorregadios às vezes, 1,9% referiram que estavam escorregadios muitas vezes e 15% confirmaram que os passeios estavam sempre escorregadios.

A percentagem total de utilizadores de cadeiras de rodas que sofreram condições incapacitantes devido a pavimentos escorregadios foi de 44,9%. A distribuição das respostas dos utilizadores de muletas é tal que 64,2% indicaram que os passeios nunca são escorregadios, 13,2% confirmaram que raramente são escorregadios, 20,8% indicaram que os passeios são escorregadios às vezes, enquanto 1,9% indicaram que são escorregadios muitas vezes. Os utilizadores de muletas que indicaram condições incapacitantes devido a pavimentos escorregadios foram os que indicaram que os pavimentos eram escorregadios às vezes (20,8%) e que os pavimentos eram escorregadios com muita frequência (1,9%). A percentagem total de utilizadores de muletas que sofreram condições incapacitantes foi de 22,7%.

As respostas dos utilizadores de botas especiais foram as seguintes: 78,9% confirmaram que os passeios nunca estavam escorregadios, 15,8% indicaram que estavam escorregadios às vezes, enquanto 5,3% assinalaram que os passeios estavam escorregadios com muita frequência. Os inquiridos que sofriam de incapacidade eram os que indicavam que os pavimentos eram escorregadios às vezes (15,8%) e muito frequentemente (5,3%). A percentagem total de utilizadores de muletas que eram prejudicados devido a pavimentos escorregadios era de 21,1%. Dentro da área de estudo, a distribuição dos inquiridos que sofreram condições incapacitantes devido a pavimentos escorregadios foi tal que os inquiridos que não utilizavam dispositivos de assistência eram 25,6%, os utilizadores de cadeiras de rodas eram 44,9%, enquanto os utilizadores de botas especiais eram 21,1%. Os utilizadores de cadeiras de rodas constituíam a maior percentagem de inquiridos nesta categoria (44,9%). A Tabela 4.14 apresenta uma compilação dos resultados do terminal de autocarros de Bungoma sobre os casos em que a superfície do pavimento era uniforme e antiderrapante.

Tabela. 4.14: Superfície do pavimento regular * Pavimento resistente ao deslizamento

Bungoma			Superfície do pavimento resistente ao deslizamento					
			Nunca	Raramente	Algumas vezes	Muito frequentemente	Sempre	Total
Superfície do pavimento uniforme	Nunca	Não.	20	0	21	0	6	47
		%	18.7%	.0%	19.6%	.0%	5.6%	43.9%
	Raramente	Não.	4	1	3	0	2	10
		%	3.7%	.9%	2.8%	.0%	1.9%	9.3%
	Algumas vezes	Não.	12	0	7	2	2	23
		%	11.2%	.0%	6.5%	1.9%	1.9%	21.5%
	Muito frequentemente	Não.	1	1	1	1	0	4
		%	.9%	.9%	.9%	.9%	.0%	3.7%
	Sempre	Não.	6	0	10	0	7	23
		%	5.6%	.0%	9.3%	.0%	6.5%	21.5%
Total		Não.	43	2	42	3	17	107
		%	40.2%	1.9%	39.3%	2.8%	15.9%	100%

Uma apresentação das respostas do terminal de Bungoma com base no facto de as passadeiras serem regulares e de as superfícies dessas passadeiras serem antiderrapantes é a seguinte: na categoria de inquiridos que indicaram que as passadeiras nunca eram regulares: 18,7% confirmaram que os pavimentos nunca eram antiderrapantes, 19,6% indicaram que os pavimentos eram por vezes antiderrapantes, 5,6% indicaram que os pavimentos eram sempre antiderrapantes.

Na categoria dos inquiridos que referiram que a superfície dos pavimentos raramente era resistente ao deslizamento, 3,7% afirmaram que os pavimentos nunca eram resistentes ao deslizamento: 3,7% afirmaram que os pavimentos nunca eram antiderrapantes, 0,9% indicaram que estes pavimentos raramente eram antiderrapantes, 2,8% referiram que os pavimentos eram antiderrapantes às vezes, enquanto 1,9% indicaram que os pavimentos eram sempre antiderrapantes. Entre os inquiridos que indicaram que as superfícies dos pavimentos eram por vezes regulares, 11,2%

indicaram que os pavimentos nunca eram antiderrapantes, 6,5% indicaram que os pavimentos eram por vezes antiderrapantes, 1,9% indicaram que os pavimentos eram antiderrapantes muito frequentemente, enquanto 1,9% confirmaram que os pavimentos eram sempre antiderrapantes.

Na categoria dos inquiridos que indicaram que as superfícies dos pavimentos eram regulares com muita frequência, 0,9% referiram que os pavimentos nunca eram antiderrapantes, 0,9% afirmaram que os pavimentos eram antiderrapantes raramente, 0,9% indicaram que os pavimentos eram por vezes antiderrapantes, enquanto 0,9% referiram que os pavimentos eram antiderrapantes. Na categoria dos inquiridos que confirmaram que as superfícies dos pavimentos eram sempre regulares, 5,6% indicaram que os pavimentos nunca eram antiderrapantes, 9,3% indicaram que os pavimentos eram antiderrapantes às vezes, enquanto 6,5% indicaram que os pavimentos eram sempre antiderrapantes.

A apresentação da percentagem total de respostas revela que 40,2% dos inquiridos indicaram que os pavimentos nunca são antiderrapantes, 1,9% indicaram que os pavimentos raramente são antiderrapantes, 39,3% indicaram que os pavimentos são antiderrapantes às vezes, 2,8% indicaram que os pavimentos são antiderrapantes muito frequentemente, enquanto 15,9% indicaram que os pavimentos são sempre antiderrapantes. A percentagem mais elevada de inquiridos indicou que os pavimentos nunca eram antiderrapantes (40,2%). O Quadro 4.15 apresenta uma repartição das respostas para o terminal de Kisumu.

Tabela. 4.15: Superfície do pavimento regular * Pavimento resistente ao deslizamento

Kisumu			Superfície do pavimento resistente ao deslizamento					
			Nunca	Raramente	Algumas vezes	Muito frequentemente	Sempre	Total
Superfície do pavimento uniforme	Nunca	Não	7	14	2	0	1	24
		%	8.6%	17.3%	2.5%	.0%	1.2%	29.6%
	Raramente	Não	6	3	3	2	5	19
		%	7.4%	3.7%	3.7%	2.5%	6.2%	23.5%
	Alguns meses	Não	2	14	2	5	0	23
		%	2.5%	17.3%	2.5%	6.2%	.0%	28.4%
	Muito frequentemente	Não	2	4	1	0	1	8
		%	2.5%	4.9%	1.2%	.0%	1.2%	9.9%
	Sempre	Não	2	3	1	0	1	7
		%	2.5%	3.7%	1.2%	.0%	1.2%	8.6%
Total		Não	19	38	9	7	8	81
		%	23.5%	46.9%	11.1%	8.6%	9.9%	100%

Uma apresentação das respostas do terminal de Kisumu com base no facto de as passadeiras serem regulares e de as superfícies destas passadeiras serem antiderrapantes é a seguinte: na categoria de inquiridos que indicaram que as passadeiras nunca eram regulares: 8,6% confirmaram que os pavimentos nunca eram antiderrapantes, 17,3% indicaram que os pavimentos raramente eram antiderrapantes, 2,5% indicaram que os pavimentos eram por vezes antiderrapantes, 1,2% indicaram que os pavimentos eram sempre antiderrapantes.

Na categoria dos inquiridos que referiram que a superfície dos pavimentos raramente era resistente ao deslizamento, 7,4% indicaram que os pavimentos raramente eram resistentes ao deslizamento: 7,4% afirmaram que os pavimentos nunca eram antiderrapantes, 3,7% indicaram que estes pavimentos raramente eram antiderrapantes, 3,7% referiram que os pavimentos eram antiderrapantes às vezes, 2,5% confirmaram que a superfície do pavimento era antiderrapante muito frequentemente, enquanto 6,2% indicaram que os pavimentos eram sempre antiderrapantes. Entre os inquiridos que indicaram que as superfícies dos pavimentos eram por vezes regulares, 2,5% indicaram que os pavimentos nunca eram antiderrapantes, 17,3% indicaram que os pavimentos eram raramente antiderrapantes, 2,5% indicaram que os pavimentos eram por vezes antiderrapantes, enquanto 6,2% indicaram que os pavimentos eram antiderrapantes com muita frequência.

Na categoria dos inquiridos que indicaram que as superfícies dos pavimentos eram regulares com muita frequência, 2,5% referiram que os pavimentos nunca eram antiderrapantes, 4,9% afirmaram que os pavimentos eram antiderrapantes raramente, 1,2% indicaram que os pavimentos eram por vezes antiderrapantes, enquanto 1,2% referiram que os pavimentos eram sempre antiderrapantes. Na categoria dos inquiridos que confirmaram que as superfícies dos pavimentos eram sempre regulares, 2,5% indicaram que os pavimentos nunca eram antiderrapantes, 3,7% indicaram que os pavimentos eram antiderrapantes às vezes, 1,2% confirmaram que os pavimentos eram antiderrapantes às vezes, enquanto 1,2% indicaram que os pavimentos eram sempre antiderrapantes.

A apresentação da percentagem total de respostas revela que 23,5% dos inquiridos indicaram que os pavimentos nunca eram antiderrapantes, 46,9% indicaram que os pavimentos raramente eram antiderrapantes, 11,1% indicaram que os pavimentos eram antiderrapantes às vezes, 8,6% indicaram que os pavimentos eram antiderrapantes muito frequentemente, enquanto 9,9% indicaram que os pavimentos eram sempre antiderrapantes. A maior percentagem de inquiridos indicou que os pavimentos raramente eram antiderrapantes (46,9%). A repartição das respostas para o terminal de Kendu Bay é apresentada no Quadro 4.16.

Tabela 4.16: Superfície do pavimento uniforme * Pavimento resistente ao deslizamento

Baía de Kendu			Superfície do pavimento resistente ao deslizamento					
			Nunca	Raramente	Algumas vezes	Muito frequentemente	Sempre	Total
Pavimento uniforme	Nunca	Não.	6	0	0	3	0	9
		%	7.1%	.0%	.0%	3.6%	.0%	10.7%
	Raramente	Não.	3	0	0	0	0	3
		%	3.6%	.0%	.0%	.0%	.0%	3.6%
	Alguns meses	Não.	3	0	11	0	0	14
		%	3.6%	.0%	13.1%	.0%	.0%	16.7%
	Muito frequentemente	Não.	55	0	0	0	0	55
		%	65.5%	.0%	.0%	.0%	.0%	65.5%
	Sempre	Não.	3	0	0	0	0	3
		%	3.6%	.0%	.0%	.0%	.0%	3.6%
Total		Não.	70	0	11	3	0	84
		%	83.3%	.0%	13.1%	3.6%	.0%	100%

A apresentação das respostas do terminal da Baía de Kendu com base no facto de as passadeiras serem regulares e de as superfícies destas passadeiras serem antiderrapantes é a seguinte: na categoria de inquiridos que indicaram que as passadeiras nunca eram regulares: 7,1% confirmaram que os pavimentos nunca eram antiderrapantes, enquanto 3,6% indicaram que os pavimentos eram antiderrapantes muito frequentemente. Na categoria dos inquiridos que referiram que as superfícies dos pavimentos raramente eram regulares, 3,6% afirmaram que os pavimentos eram antiderrapantes: 3,6% afirmaram que os pavimentos nunca eram antiderrapantes.

Entre os inquiridos que indicaram que as superfícies dos pavimentos eram por vezes regulares, 3,6% referiram que os pavimentos nunca eram antiderrapantes, enquanto

13,1% referiram que os pavimentos eram por vezes antiderrapantes. Na categoria dos inquiridos que indicaram que as superfícies dos pavimentos eram regulares com muita frequência, 65,5% referiram que os pavimentos nunca eram antiderrapantes. Na categoria dos inquiridos que confirmaram que as superfícies dos pavimentos eram sempre regulares, 3,6% indicaram que os pavimentos nunca eram antiderrapantes.

A apresentação da percentagem total de respostas revela que 83,3% dos inquiridos indicaram que os pavimentos nunca eram antiderrapantes, 13,1% indicaram que os pavimentos eram antiderrapantes às vezes, enquanto 3,6% indicaram que os pavimentos eram antiderrapantes muito frequentemente. A percentagem mais elevada de inquiridos indicou que os pavimentos nunca eram antiderrapantes (83,3%). A Tabela 4.17 apresenta uma análise das respostas para o terminal de Kakamega.

Tabela 4.17: Superfície do pavimento uniforme*Resistente ao deslizamento do pavimento

Kakamega			Superfície do pavimento resistente ao deslizamento	
			Nunca	Total
Pavimento uniforme	Nunca	Não.	20	20
		%	46.5%	46.5%
	Raramente	Não.	2	2
		%	4.7%	4.7%
	Por vezes	Não.	15	15
		%	34.9%	34.9%
	Muito frequentemente	Não.	1	1
		%	2.3%	2.3%
	Sempre	Não.	5	5
		%	11.6%	11.6%
Total		Não.	43	43
		%	100%	100%

Uma apresentação das respostas do terminal de Kakamega com base no facto de as passadeiras serem regulares e de as superfícies destas passadeiras serem antiderrapantes é tal que, na categoria de inquiridos que indicaram que as passadeiras nunca eram regulares: 46,5% confirmaram que os pavimentos nunca eram antiderrapantes. Na categoria dos inquiridos que assinalaram que a superfície dos passeios raramente era regular, 4,7% afirmaram que os passeios eram antiderrapantes: 4,7% afirmaram que os pavimentos nunca eram antiderrapantes.

Entre os inquiridos que indicaram que as superfícies dos pavimentos eram por vezes regulares, 34,9% referiram que os pavimentos nunca eram antiderrapantes. Na categoria dos inquiridos que indicaram que as superfícies dos pavimentos eram regulares com muita frequência, 2,3% referiram que os pavimentos nunca eram antiderrapantes. Na categoria dos inquiridos que confirmaram que as superfícies dos pavimentos eram sempre regulares, 11,6% indicaram que os pavimentos nunca eram antiderrapantes. A apresentação da percentagem total de respostas revela que todos os inquiridos (100%) revelaram que os pavimentos nunca são antiderrapantes. A apresentação da análise do qui-quadrado das respostas nos quatro terminais é apresentada na Tabela 4.18.

Quadro 4.18: Testes do Qui-Quadrado

Cidade		Valor	df	Asymp. Sig. (2 lados)
Bungoma	Qui-quadrado de Pearson	37.281[a]	16	.002
	N de casos válidos	107		
Kisumu	Qui-quadrado de Pearson	25.886[b]	16	.056
	N de casos válidos	81		
Baía de Kendu	Qui-quadrado de Pearson	88.771[c]	8	.000
	N de casos válidos	84		
Kakamega	Qui-quadrado de Pearson	.[d]		
	N de casos válidos	43		
a. 18 células (72,0%) têm uma contagem esperada inferior a 5. A contagem mínima esperada é 0,07.				
b. 20 células (80,0%) têm uma contagem esperada inferior a 5. A contagem mínima esperada é 0,60.				
c. 11 células (73,3%) têm uma contagem esperada inferior a 5. A contagem mínima esperada é 0,11.				
d. Não são calculadas estatísticas porque A superfície do pavimento resistente ao deslizamento é uma constante.				

No terminal de Bungoma, o valor do qui-quadrado de Pearson é de 0,002. Este valor indica que existe uma associação significativa entre passadeiras regulares e a resistência ao deslizamento destas passadeiras. Em Kisumu, o valor do qui-quadrado de Pearson é de 0,056. Este valor

indica que não existe uma associação significativa entre as passadeiras regulares e a resistência ao deslizamento destas passadeiras. No terminal de Kendu Bay, o valor do qui-quadrado de Pearson é de 0,000. Este valor indica que existe uma associação significativa entre as passadeiras regulares e a resistência ao deslizamento destas passadeiras. Por último, para Kakamega, não foram calculadas estatísticas, uma vez que as respostas à variável de pavimentos antiderrapantes são constantes.

Uma investigação efectuada por Rebus *et al* (2000) explicou que os pavimentos com um terreno irregular são difíceis de percorrer devido à presença de superfícies e juntas irregulares. Outra questão incapacitante trazida à luz por esta investigação é o facto de este tipo de terreno proporcionar aos utilizadores de cadeiras de rodas uma viagem difícil. Este cenário pode contribuir para que as pessoas caiam das suas cadeiras de rodas. Com base nas conclusões avançadas, Rebus *et al* (2000) propõem que seja criada uma superfície de betão uniforme para o percurso principal.

Na criação de ambientes pedonais acessíveis, os percursos devem ser facilmente identificáveis, claramente separados dos percursos dos veículos e livres de obstáculos (Hoy 2004). Um ambiente pedonal mais seguro e funcional resultaria se fosse dada prioridade máxima ao caminho livre de deslocação em todos os layouts, de modo a que os acabamentos decorativos, tais como pedras de pavimentação e outro mobiliário urbano, não pudessem invadir o caminho de deslocação (Rebus *et al*, 2000). O caminho de deslocação também deve ser de materiais firmes, nivelados e antiderrapantes, uma vez que os passeios escorregadios representam um perigo de tropeçar (Ahonobadha, 2008;

Venter *et al* 2000; Hoy, 2004). Outra caraterística importante das passadeiras é que devem ser isentas de encandeamento, para que a visão dos utilizadores não sofra interferências que comprometam a sua segurança (Rebus *et al* 2000).

4.5. Os bancos incluem componentes acessíveis

Foi pedido aos inquiridos que determinassem se os bancos da zona de estudo tinham componentes que os tornassem acessíveis. O quadro 4.19 apresenta as respostas.

Quadro 4.19: Os assentos incluem componentes acessíveis - Quénia Ocidental

		Bungoma	Kisumu	Baía de Kendu	Kakamega	Total
Nunca	Não.	67	9	27	11	114
	%	21.3%	2.9%	8.6%	3.5%	36.2%
Raramente	Não.	6	10	15	6	37
	%	1.9%	3.2%	4.8%	1.9%	11.7%
Alguns Tempos	Não.	11	13	28	16	68
	%	3.5%	4.1%	8.9%	5.1%	21.6%
Muito frequentemente	Não.	2	15	3	2	22
	%	.6%	4.8%	1.0%	.6%	7.0%
Sempre	Não.	21	34	11	8	74
	%	6.7%	10.8%	3.5%	2.5%	23.5%
Total	Contagem	107	81	84	43	315
		34.0%	25.7%	26.7%	13.7%	100.0%

Um total de 36,2% dos inquiridos indicou que os bancos da zona de estudo nunca tinham componentes acessíveis. A repartição destes inquiridos é a seguinte: 21,3% em Bungoma, 2,9% em Kisumu, 8,6% em Kendu Bay e 3,5% em Kakamega. Os inquiridos que indicaram que as cadeiras raramente tinham componentes acessíveis foram 11,7%. A distribuição destes inquiridos é a seguinte: 1,9% em Bungoma, 3,2% em Kisumu, 4,8% em Kendu Bay e 1,9% em Kakamega. Os inquiridos que indicaram que as cadeiras têm por vezes componentes acessíveis foram 21,6%. Desta percentagem, 3,5% eram de Bungoma, 4,1% eram de Kisumu, 8,9% eram de Kendu Bay e 5,1% eram de Kakamega.

A repartição dos inquiridos que indicaram que os bancos tinham componentes acessíveis com muita frequência foi a seguinte: 0,6% eram de Bungoma, 4,8% de Kisumu, 1% de Kisumu e 0,6% de Kakamega. Estes inquiridos totalizaram 7%. Na análise da questão de saber se as cadeiras têm componentes acessíveis, 23,5% dos inquiridos afirmaram que as cadeiras têm sempre componentes acessíveis. A distribuição destas respostas é a seguinte: 6,7% eram de Bungoma, 10,8% de Kisumu, 3,5% de Kendu Bay e 2,5% de Kakamega. O Quadro 4.20 apresenta uma repartição das respostas por terminal específico.

Quadro 4.20: Os lugares sentados incluem componentes acessíveis - Respostas específicas em Termini

		Bungoma	Kisumu	Baía de Kendu	Kakamega	Total
Nunca	Não.	67	9	27	11	114
	%	62.6%	11.1%	32.1%	25.6%	36.2%
Raramente	Não.	6	10	15	6	37
	%	5.6%	12.3%	17.9%	14.0%	11.7%
Alguns meses	Não.	11	13	28	16	68
	%	10.3%	16.0%	33.3%	37.2%	21.6%
Muito frequentemente	Não.	2	15	3	2	22
	%	1.9%	18.5%	3.6%	4.7%	7.0%
Sempre	Não.	21	34	11	8	74
	%	19.6%	42.0%	13.1%	18.6%	23.5%
Total	Não.	107	81	84	43	315
	%	100.0%	100.0%	100.0%	100.0%	100.0%

Em Bungoma, a tendência das respostas foi a seguinte: 62,6% dos inquiridos confirmaram que as cadeiras nunca tinham componentes acessíveis, 5,6% indicaram que as cadeiras raramente tinham componentes acessíveis, 10,3% dos inquiridos referiram que as cadeiras tinham por vezes componentes acessíveis, 1,9% confirmaram que as cadeiras tinham componentes acessíveis muito frequentemente, enquanto 19,6% indicaram que as cadeiras tinham sempre componentes acessíveis.

Em Kisumu, a distribuição das respostas foi a seguinte: 11,1% afirmaram que as cadeiras nunca tinham componentes acessíveis, 12,3% <u>confirmaram que as cadeiras raramente tinham componentes acessíveis, 16%</u> indicaram que as cadeiras tinham componentes acessíveis por vezes, 18,5% referiram que as cadeiras tinham componentes acessíveis muito frequentemente, enquanto 42% afirmaram que as cadeiras tinham sempre componentes acessíveis.

Na Baía de Kendu, a tendência das respostas foi a seguinte: 32,1% confirmaram que os bancos nunca tinham componentes acessíveis, 17,9% indicaram que os bancos raramente tinham componentes acessíveis, 33,3% afirmaram que os bancos às vezes tinham componentes acessíveis, 3,6% afirmaram que os bancos tinham componentes acessíveis muito frequentemente, enquanto 13,1% indicaram que os bancos tinham sempre componentes acessíveis.

A distribuição das respostas em Kakamega foi tal que 25,6% dos inquiridos confirmaram que as cadeiras nunca tinham componentes acessíveis, 14% referiram que estas cadeiras raramente tinham componentes acessíveis, 37,2% indicaram que as cadeiras tinham componentes acessíveis às vezes, 4,7% afirmaram que estas cadeiras tinham componentes acessíveis muito frequentemente, enquanto 18,6% indicaram que as cadeiras tinham sempre componentes acessíveis. A comparação das respostas dadas em toda a área de estudo é apresentada no Quadro 4.21.

Tabela 4.21: Os assentos incluem componentes acessíveis - Respostas de comparação

		Bungoma	Kisumu	Baía de Kendu	Kakamega	Total
Nunca	Não.	67	9	27	11	114
	%	58.8%	7.9%	23.7%	9.6%	100%
Raramente	Não.	6	10	15	6	37
	%	16.2%	27.0%	40.5%	16.2%	100%
Por vezes	Não.	11	13	28	16	68
	%	16.2%	19.1%	41.2%	23.5%	100%
Muito frequentemente	Não.	2	15	3	2	22
	%	9.1%	68.2%	13.6%	9.1%	100%
Sempre	Não.	21	34	11	8	74
	%	28.4%	45.9%	14.9%	10.8%	100%
Total	Não.	107	81	84	43	315
	%	34.0%	25.7%	26.7%	13.7%	100%

Em Bungoma, a maior parte dos inquiridos afirmou que os lugares no terminal nunca tinham componentes acessíveis, enquanto 16,2% revelaram que os lugares raramente tinham componentes acessíveis. Outros 16,2% indicaram que os bancos dispunham por vezes de componentes acessíveis, 9,1% confirmaram que os bancos dispunham de componentes acessíveis com muita frequência, enquanto 28,4% afirmaram que os bancos dispunham sempre de componentes acessíveis. Em Kisumu, foram destacados os seguintes factos: as cadeiras nunca tinham componentes acessíveis, como foi indicado por 7,9% dos inquiridos, as cadeiras raramente tinham componentes acessíveis, como foi estabelecido por 27,7% dos inquiridos, as cadeiras às vezes tinham componentes acessíveis, como foi indicado por 19,1% dos inquiridos, as cadeiras tinham componentes acessíveis muito frequentemente para 68,2% dos inquiridos. Os inquiridos que indicaram que as cadeiras tinham sempre componentes acessíveis foram 45,9%.

Os inquiridos em Kendu Bay confirmaram que os bancos nunca tinham componentes acessíveis, como foi salientado por 23,7% dos inquiridos, 40,5% afirmaram que os bancos raramente tinham componentes acessíveis, 41,2% indicaram que os bancos por vezes tinham componentes acessíveis, 13,6% afirmaram que os bancos tinham componentes acessíveis muito frequentemente, enquanto 14,9% indicaram que os bancos tinham sempre componentes acessíveis. Em Kakamega, 9,6% dos inquiridos indicaram que os assentos nunca tinham componentes acessíveis, 16,2% confirmaram que os assentos raramente tinham componentes acessíveis, 23,5% indicaram que os assentos por vezes tinham componentes acessíveis, 9,1% referiram que os assentos tinham componentes acessíveis com muita frequência, enquanto 10,8% confirmaram que os assentos tinham sempre componentes acessíveis.

A Tabela 4.22 apresenta uma análise mais pormenorizada destas respostas com base nos dispositivos de assistência utilizados pelos inquiridos.

Quadro 4.22: As instalações para lugares sentados incluem componentes acessíveis*
Dispositivo de assistência - Quénia Ocidental

		Nenhum	W. cadeira	W. Pau	Andarilho	Muletes	Triciclo	S. Botas	Total
Nunca	Não	31	51	0	1	22	0	9	114
	%	9.8%	16.2%	.0%	.3%	7.0%	.0%	2.9%	36.2%
Raramente	Não	23	6	0	0	5	1	2	37
	%	7.3%	1.9%	.0%	.0%	1.6%	.3%	.6%	11.7%
Algumas vezes	Não	32	17	2	0	11	0	6	68
	%	10.2%	5.4%	.6%	.0%	3.5%	.0%	1.9%	21.6%
Muito frequentemente	Não	11	6	2	0	3	0	0	22
	%	3.5%	1.9%	.6%	.0%	1.0%	.0%	.0%	7.0%
Sempre	Não	32	27	1	0	12	0	2	74
	%	10.2%	8.6%	.3%	.0%	3.8%	.0%	.6%	23.5%
Total	Não	129	107	5	1	53	1	19	315
	%	41.0%	34.0%	1.6%	.3%	16.8%	.3%	6.0%	100%

(Legenda: W.Chair= cadeira de rodas, W. Stick- bengala, S.Boots= botas especiais)
Os inquiridos que não dispunham de qualquer dispositivo de assistência constituíam 41% dos inquiridos. As respostas dadas por esta categoria são as seguintes: 9,8% indicaram que as cadeiras nunca tinham componentes acessíveis, 7,3% confirmaram que as cadeiras raramente tinham componentes acessíveis e 10,2% afirmaram que as cadeiras às vezes tinham componentes acessíveis,

3,5% indicaram que os bancos tinham componentes acessíveis com muita frequência, enquanto 10,2% indicaram que os bancos tinham sempre componentes acessíveis.

Os utilizadores de cadeiras de rodas representavam 34% e a distribuição das suas respostas é a seguinte: 16,2% confirmaram que os bancos nunca tinham componentes acessíveis, 1,6% indicaram que os bancos raramente tinham componentes acessíveis, 5,4% confirmaram que os bancos às vezes tinham componentes acessíveis, 1,9% indicaram que os bancos tinham componentes acessíveis muito frequentemente, enquanto 8,6% indicaram que os bancos tinham sempre componentes acessíveis.

Os utilizadores de muletas na área de estudo eram 16,8%. A distribuição das suas respostas é tal que 7% confirmaram que os assentos nunca tinham componentes acessíveis, 1,6% afirmaram que os assentos raramente tinham componentes acessíveis, 3,5% observaram que os assentos por vezes tinham componentes acessíveis, 1% indicou que os assentos muito frequentemente tinham componentes acessíveis, enquanto 3,8% afirmaram que os assentos tinham sempre componentes acessíveis.

Os utilizadores de botas especiais eram 6% e a distribuição dos inquiridos é a seguinte: 2,9% indicaram que os bancos nunca tinham componentes acessíveis, 0,6% referiram que os bancos raramente tinham componentes acessíveis, 1,9% afirmaram que os bancos por vezes tinham componentes acessíveis, enquanto 0,6% confirmaram que os bancos tinham sempre componentes acessíveis.

Uma comparação das respostas específicas em função dos dispositivos de assistência revela que os inquiridos que indicaram que os assentos nunca incluíam componentes acessíveis eram 36,2%, dos quais 9,8% não utilizavam qualquer dispositivo de assistência, 16,2% utilizavam cadeiras de rodas, 0,3% andadores, 2,9% botas especiais e 7% muletas. As cadeiras de rodas constituíam a percentagem mais elevada de inquiridos que referiram que os assentos nunca incluíam componentes acessíveis. A distribuição dos inquiridos que afirmaram que os assentos raramente incluíam componentes acessíveis era tal que 7,3% não utilizavam qualquer dispositivo de assistência, 1,9% utilizavam cadeiras de rodas, 1,6% utilizavam muletas, 0,3% utilizavam triciclos e 0,6% utilizavam botas especiais.

A percentagem mais elevada de inquiridos que indicaram que os bancos raramente tinham componentes acessíveis foi a dos que não utilizavam qualquer dispositivo de assistência (7,3%). Os inquiridos que afirmaram que os assentos por vezes tinham componentes acessíveis eram 21,6%, dos quais 10,2% não utilizavam qualquer dispositivo de assistência, 5,4% utilizavam cadeiras de rodas, 0,6% utilizavam bengalas e 1% utilizavam muletas. A maior percentagem de inquiridos que afirmaram que os assentos tinham por vezes componentes acessíveis foi a dos que não utilizavam qualquer dispositivo de assistência (10,2%).

A distribuição dos inquiridos que indicaram que os bancos tinham frequentemente componentes acessíveis era a seguinte: 3,5% não utilizavam qualquer dispositivo de assistência, 1,9% utilizavam cadeiras de rodas, 0,6% utilizavam <u>bengalas e 1% utilizavam muletas. A percentagem mais elevada de</u> inquiridos que indicaram que os bancos tinham frequentemente componentes acessíveis foi a dos que não utilizavam qualquer dispositivo de assistência. Por último, os inquiridos que confirmaram que os assentos tinham sempre componentes acessíveis foram 23,5%, dos quais 10,2% não utilizavam qualquer dispositivo de assistência, 8,6% utilizavam cadeiras de rodas, 0,3% utilizavam bengalas, 3,8% utilizavam muletas e 0,6% utilizavam botas especiais. A maior proporção de respostas foi dada por inquiridos que não utilizavam qualquer dispositivo de apoio (10,2%). A Tabela 4.23 apresenta uma repartição das respostas consoante o dispositivo de apoio.

Quadro 4.23: Os assentos incluem componentes acessíveis* Tipo de dispositivo de assistência

Os assentos incluem componentes acessíveis		Tipo de dispositivo de assistência utilizado							Total
		Nenhum	W. cadeira	W. Pau	Andarilho	Muletas	Triciclo	S. Botas	
Nunca	Não.	31	51	0	1	22	0	9	114
	%	24.0%	47.7%	.0%	100%	41.5%	.0%	47.4%	36.2%
Raramente	Não.	23	6	0	0	5	1	2	37
	%	17.8%	5.6%	.0%	.0%	9.4%	100%	10.5%	11.7%
Algumas vezes	Não.	32	17	2	0	11	0	6	68
	%	24.8%	15.9%	40.0%	.0%	20.8%	.0%	31.6%	21.6%
Muito frequentemente	Não.	11	6	2	0	3	0	0	22
	%	8.5%	5.6%	40.0%	.0%	5.7%	.0%	.0%	7.0%
Sempre	Não.	32	27	1	0	12	0	2	74
	%	24.8%	25.2%	20.0%	.0%	22.6%	.0%	10.5%	23.5%
Total	Não.	129	107	5	1	53	1	19	315
	%	100%	100%	100%	100%	100%	100%	100%	100%

Os inquiridos que não dispunham de dispositivos de assistência referiram o seguinte: 24% confirmaram que os assentos nunca tinham componentes acessíveis, 17,8% indicaram que os assentos raramente tinham componentes acessíveis, 24,8% confirmaram que os assentos por vezes tinham componentes acessíveis, 8,5% referiram que os assentos tinham componentes acessíveis

muito frequentemente, enquanto 24,8% indicaram que os bancos tinham sempre componentes acessíveis.

A falta de componentes acessíveis na conceção dos assentos representou condições incapacitantes para os inquiridos que indicaram que os assentos tinham componentes acessíveis por vezes (24,8%), raramente (17,8%) e nunca (24%). A percentagem total de inquiridos que não utilizavam dispositivos de assistência, mas que sofriam de condições incapacitantes devido à falta de componentes acessíveis na conceção do assento, era de 66,6%. As respostas dos utilizadores de cadeiras de rodas foram as seguintes: 47,7% confirmaram que os bancos nunca tinham componentes acessíveis, 5,6% indicaram que os bancos raramente tinham componentes acessíveis, 15,9% confirmaram que os bancos às vezes tinham componentes acessíveis, 5,6% referiram que os bancos tinham componentes acessíveis muito frequentemente, enquanto 25,2% confirmaram que os bancos tinham sempre componentes acessíveis.

A percentagem de utilizadores de cadeiras de rodas que sofreram condições incapacitantes devido à ausência de componentes acessíveis na conceção dos assentos foi a seguinte: 47,7% indicaram que os assentos nunca tinham componentes acessíveis, 5,6% raramente tinham componentes acessíveis e 15,9% às vezes tinham componentes acessíveis. Estas respostas perfazem um total de 69,2%. A distribuição das respostas dos utilizadores de muletas é tal que 41,5% indicaram que os assentos nunca têm componentes acessíveis, 9,4% confirmaram que os assentos raramente têm componentes acessíveis, 20,8% indicaram que os assentos às vezes têm componentes acessíveis, 5,7% indicaram que os assentos têm componentes acessíveis muito frequentemente, enquanto 22,6% afirmaram que os assentos têm sempre componentes acessíveis.

Os utilizadores de muletas que experimentaram condições incapacitantes foram aqueles que indicaram que os assentos nunca tinham componentes acessíveis (41,5%), raramente tinham componentes acessíveis (9,4%) e às vezes tinham componentes acessíveis (20,8%). Esta percentagem totaliza 71,7%. As respostas dos utilizadores de botas especiais foram as seguintes: 47,4% indicaram que as cadeiras nunca tinham componentes acessíveis, 10,5% confirmaram que as cadeiras raramente tinham componentes acessíveis, 31,6% indicaram que as cadeiras às vezes tinham componentes acessíveis, enquanto 10,5% afirmaram que as cadeiras tinham sempre componentes acessíveis.

Os utilizadores de botas especiais que sofreram condições de incapacidade foram os que indicaram que os assentos nunca tinham componentes acessíveis (47,4%), raramente tinham componentes acessíveis (10,5%) e às vezes tinham componentes acessíveis (31,6%). Esta percentagem totaliza 89,5%. Na área de estudo, a distribuição dos inquiridos que sofreram condições de incapacidade devido à não disponibilidade de componentes acessíveis na conceção dos assentos foi a seguinte: os inquiridos que não utilizavam dispositivos de assistência eram 66,6%, os utilizadores de cadeiras de rodas eram 69,2%, os utilizadores de muletas eram 71,7%, enquanto os utilizadores de botas especiais eram 89,5%. Os utilizadores de botas especiais constituíam a percentagem mais elevada de inquiridos nesta categoria (89,5%). A Tabela 4.24 apresenta uma apresentação da disponibilidade de lugares sentados nos terminais, com componentes acessíveis.

Quadro 4.24: Disponibilidade de lugares * As instalações para lugares sentados incluem componentes acessíveis

Bungoma			Os assentos incluem componentes acessíveis					
			Nunca	Raramente	Algumas vezes	Muito frequentemente	Sempre	Total
Disponibilidade de lugares	Nunca	Não	34	4	4	0	7	49
		%	31.8%	3.7%	3.7%	.0%	6.5%	45.8%
	Raramente	Não	2	0	1	0	1	4
		%	1.9%	.0%	.9%	.0%	.9%	3.7%
	Algumas vezes	Não	11	1	1	1	3	17
		%	10.3%	.9%	.9%	.9%	2.8%	15.9%
	Muito frequentemente	Não	0	0	2	0	0	2
		%	.0%	.0%	1.9%	.0%	.0%	1.9%
	Sempre	Não	20	1	3	1	10	35
		%	18.7%	.9%	2.8%	.9%	9.3%	32.7%
Total		Não	67	6	11	2	21	107
		%	62.6%	5.6%	10.3%	1.9%	19.6%	100%

A apresentação das respostas do terminal de Bungoma com base na disponibilidade de lugares sentados sempre que os estudantes utilizavam o terminal e se esses lugares tinham componentes acessíveis é tal que, na categoria dos inquiridos que indicaram que os lugares nunca estavam disponíveis: 31,8% confirmaram que os lugares nunca tinham componentes acessíveis, 3,7% indicaram que os lugares raramente tinham componentes acessíveis, 3,7% referiram que os lugares às vezes tinham componentes acessíveis, enquanto 6,5% indicaram que os lugares tinham sempre componentes acessíveis. Na categoria dos inquiridos que referiram que os lugares raramente estavam disponíveis: 1,9% indicaram que os lugares nunca tinham componentes acessíveis, 0,9% confirmaram que os lugares por vezes tinham componentes acessíveis, enquanto 0,9% referiram que os lugares tinham sempre componentes acessíveis. Entre os inquiridos que indicaram que os lugares estavam disponíveis às vezes, 10,3% confirmaram que os lugares nunca tinham componentes acessíveis, 0,9% afirmaram que estes lugares raramente tinham componentes acessíveis, 0,9% indicaram que os lugares tinham componentes acessíveis às vezes, 0,9% confirmaram que os lugares tinham componentes acessíveis muito frequentemente, enquanto 2,8% indicaram que os lugares tinham sempre componentes acessíveis.

Na categoria de inquiridos que indicaram que os lugares estavam disponíveis com muita frequência, 1,9% referiram que estes lugares tinham por vezes componentes acessíveis. Na categoria dos inquiridos que confirmaram que os lugares estavam sempre disponíveis, 18,7% indicaram que os lugares nunca tinham componentes acessíveis, 0,9% indicaram que os lugares raramente tinham componentes acessíveis, 2,8% confirmaram que os <u>lugares às vezes tinham componentes acessíveis, 0,9% afirmaram que os lugares </u>tinham componentes acessíveis muito frequentemente, enquanto 9,3% indicaram que os lugares tinham sempre componentes acessíveis. A apresentação da percentagem total de respostas revela que 62,6% dos inquiridos indicaram que os bancos nunca tinham componentes acessíveis, 5,6% indicaram que os bancos raramente tinham componentes acessíveis, 10,3% indicaram que os bancos às vezes tinham componentes acessíveis, 1,9% indicaram que os bancos tinham componentes acessíveis muito frequentemente e 19,6% indicaram que os bancos tinham sempre componentes acessíveis. A percentagem mais elevada de inquiridos indicou que as cadeiras nunca tinham componentes acessíveis (62,6%). A repartição das respostas para o terminal de Kisumu é apresentada no Quadro 4.25.

Quadro 4.25: Disponibilidade de lugares * As instalações para lugares sentados incluem componentes acessíveis

Kisumu			Os assentos incluem componentes acessíveis					
			Nunca	Raramente	Algumas vezes	Muito frequentemente	Sempre	Total
Disponibilidade de lugares	Nunca	Não.	6	1	2	0	0	9
		%	7.4%	1.2%	2.5%	.0%	.0%	11.1%
	Raramente	Não.	1	1	1	0	0	3
		%	1.2%	1.2%	1.2%	.0%	.0%	3.7%
	Algumas vezes	Não.	0	6	5	1	2	14
		%	.0%	7.4%	6.2%	1.2%	2.5%	17.3%
	Muito frequentemente	Não.	0	0	2	7	1	10
		%	.0%	.0%	2.5%	8.6%	1.2%	12.3%
	Sempres	Não.	2	2	3	7	31	45
		%	2.5%	2.5%	3.7%	8.6%	38.3%	55.6%
Total		Não.	9	10	13	15	34	81
		%	11.1%	12.3%	16.0%	18.5%	42.0%	100%

A apresentação das respostas do terminal de Kisumu com base na disponibilidade de lugares sentados sempre que os estudantes utilizavam o terminal e se esses lugares tinham componentes acessíveis é tal que, na categoria dos inquiridos que indicaram que os lugares nunca estavam disponíveis: 7,4% confirmaram que os assentos nunca tinham componentes acessíveis, 1,2% indicaram que os assentos raramente tinham componentes acessíveis, enquanto 2,5% observaram que os assentos às vezes tinham componentes acessíveis.

Na categoria de inquiridos que referiram que os lugares raramente estavam disponíveis: 1,2% indicaram que os lugares nunca tinham componentes acessíveis, 1,2% afirmaram que os lugares raramente tinham componentes acessíveis, enquanto 1,2% confirmaram que os lugares por vezes tinham componentes acessíveis. Entre os inquiridos que indicaram que os lugares estavam disponíveis às vezes, 7,4% afirmaram que estes lugares raramente tinham componentes acessíveis, 6,2% indicaram que os lugares tinham componentes acessíveis às vezes, 1,2% confirmaram que os lugares tinham componentes acessíveis muito frequentemente, enquanto 2,5% indicaram que os lugares tinham sempre componentes acessíveis.

Na categoria de inquiridos que indicaram que os lugares estavam disponíveis com muita frequência, 2,5% referiram que estes lugares por vezes tinham componentes acessíveis, 8,6% indicaram que os lugares tinham componentes acessíveis com muita frequência, enquanto 1,2% indicaram que os lugares tinham sempre componentes acessíveis. Na categoria de inquiridos que confirmaram que os lugares estavam sempre disponíveis, 2,5% indicaram que os lugares nunca tinham componentes acessíveis, 2,5% indicaram que os lugares raramente tinham componentes acessíveis, 3,7% confirmaram que os lugares às vezes tinham componentes acessíveis, 8,6% afirmaram que os lugares tinham componentes acessíveis muito frequentemente, enquanto 38,3% indicaram que os lugares tinham sempre componentes acessíveis.

A apresentação da percentagem total de respostas revela que 11,1% dos inquiridos indicaram que os bancos nunca tinham componentes acessíveis, 12,3% indicaram que os bancos raramente tinham componentes acessíveis, 16% indicaram que os bancos às vezes tinham componentes acessíveis, 18,5% indicaram que os bancos tinham componentes acessíveis muito frequentemente, enquanto 42% indicaram que os bancos tinham sempre componentes acessíveis. A percentagem mais elevada de inquiridos indicou que os bancos tinham sempre componentes acessíveis (42%). A Tabela 4.26 apresenta uma repartição das respostas relativas ao terminal de Kendu Bay.

Quadro 4.26: Disponibilidade de lugares * As instalações para lugares sentados incluem
Componentes acessíveis

Baía de Kendu				Os assentos incluem componentes acessíveis				
			Nunca	Rarame nte	Algum as vezes	Muito freque nteme nte	Sempre	Total
Disponibilida de de lugares	Raramen te	Não .	0	3	28	0	0	31
		%	.0%	3.6%	33.3 %	.0%	.0%	36.9 %
	Algumas vezes	Não .	3	0	0	0	0	3
		%	3.6%	.0%	.0%	.0%	.0%	3.6 %
	Muito frequent emente	Não .	6	0	0	3	0	9
		%	7.1%	.0%	.0%	3.6%	.0%	10.7 %
	Sempre	Não .	18	12	0	0	11	41
		%	21.4 %	14.3%	.0%	.0%	13.1%	48.8 %
Total		Não .	27	15	28	3	11	84
		%	32.1 %	17.9%	33.3 %	3.6%	13.1%	100 %

A apresentação das respostas do terminal de Kendu Bay com base na disponibilidade de lugares sentados sempre que os estudantes utilizam o terminal e se esses lugares têm componentes acessíveis é tal que na categoria de inquiridos que indicaram que os lugares sentados raramente estavam disponíveis: 3,6% indicaram que os assentos raramente tinham componentes acessíveis, enquanto 33,3% observaram que os assentos às vezes tinham componentes acessíveis.Na categoria de inquiridos que referiram que os bancos estavam por vezes disponíveis: 3,6% indicaram que os lugares nunca tinham componentes acessíveis. Entre os inquiridos que indicaram que os lugares estavam disponíveis com muita frequência, 7,1% confirmaram que os lugares nunca tinham componentes acessíveis, enquanto 3,6% afirmaram que estes lugares tinham componentes acessíveis com muita frequência.

Na categoria de inquiridos que indicaram que os lugares estavam sempre disponíveis, 21,4% referiram que estes lugares nunca tinham componentes acessíveis, 14,3% confirmaram que os lugares raramente tinham componentes acessíveis, enquanto 13,1% referiram que os lugares tinham sempre componentes acessíveis. A apresentação da percentagem total de respostas revela que 32,1% dos inquiridos indicaram que os lugares nunca tinham componentes acessíveis, 17,9% indicaram que os lugares raramente tinham componentes acessíveis, 33,3% indicaram que os lugares às vezes tinham componentes acessíveis, 3,6% indicaram que os lugares tinham componentes acessíveis muito frequentemente, enquanto 13,1% indicaram que os lugares tinham sempre componentes acessíveis.

A percentagem mais elevada de inquiridos indicou que os bancos têm por vezes componentes acessíveis (33,3%). O Quadro 4.27 apresenta uma análise das respostas relativas ao terminal de Kakamega.

Quadro 4.27: Disponibilidade de lugares * As instalações para lugares sentados incluem componentes acessíveis

Kakamega			Os assentos incluem componentes acessíveis					
			Nunca	Raramente	Algumas vezes	Muito frequentemente	Sempre	Total
Disponibilidade de de lugares	Raramente	Não .	0	2	16	0	0	18
		%	.0%	4.7%	37.2%	.0%	.0%	41.9%
	Muito frequentemente	Não .	3	0	0	2	0	5
		%	7.0%	.0%	.0%	4.7%	.0%	11.6%
	Sempre	Não .	8	4	0	0	8	20
		%	18.6%	9.3%	.0%	.0%	18.6%	46.5%
Total		Não .	11	6	16	2	8	43
		%	25.6%	14.0%	37.2%	4.7%	18.6%	100%

Uma apresentação das respostas do terminal de Kakamega com base na disponibilidade de lugares sentados sempre que os estudantes utilizavam o terminal e se esses lugares tinham componentes acessíveis é tal que na categoria de inquiridos que indicaram que os lugares sentados raramente estavam disponíveis: 4,7% indicaram que os assentos raramente tinham componentes acessíveis, enquanto 37,2% observaram que os assentos às vezes tinham componentes acessíveis.

Na categoria de inquiridos que referiram que os lugares estavam disponíveis com muita frequência: 7% indicaram que os lugares nunca tinham componentes acessíveis, enquanto 4,7% confirmaram que os lugares tinham componentes acessíveis com muita frequência. Entre os inquiridos que indicaram que os lugares estavam sempre disponíveis, 18,6% afirmaram que estes lugares nunca tinham componentes acessíveis, 9,3% indicaram que os lugares raramente tinham componentes acessíveis, enquanto 18,6% indicaram que os lugares tinham sempre componentes acessíveis.

A apresentação da percentagem total de respostas revela que 25,6% dos inquiridos indicaram que os bancos nunca tinham componentes acessíveis, 14% indicaram que os bancos raramente tinham componentes acessíveis, 37,2% indicaram que os bancos por vezes tinham componentes acessíveis, 4,7% indicaram que os bancos tinham componentes acessíveis muito frequentemente, enquanto 18,6% indicaram que os bancos tinham sempre componentes acessíveis. A percentagem mais elevada de inquiridos indicou que as cadeiras tinham por vezes componentes acessíveis (37,2%). A análise das respostas nos quatro terminais é apresentada no Quadro 4.28

Tabela 4.28: Testes de Qui-Quadrado

Chi-Sq		Testes de uare		
Cidade		Valor	df	Asymp. Sig. (2 lados)
Bungo ma	Qui-quadrado de Pearson	25.710[a]	16	.058
	N de casos válidos	107		
Kisumu	Qui-quadrado de Pearson	88.181[b]	16	.000
	N de casos válidos	81		
Baía de Kendu	Qui-quadrado de Pearson	110.065[c]	12	.000
	N de casos válidos	84		
Kakame ga	Qui-quadrado de Pearson	56.494[d]	8	.000
	N de casos válidos	43		

No terminal de Bungoma, o valor do qui-quadrado de Pearson é de 0,058. Este valor indica que não existe uma associação significativa entre a disponibilidade de lugares neste terminal e o facto de esses lugares terem ou não componentes acessíveis. Em Kisumu, o valor do qui-quadrado de Pearson é de 0,000. Este valor indica que existe uma associação significativa entre a disponibilidade de lugares sentados neste terminal e o facto de estes lugares terem ou não componentes acessíveis.

No terminal de Kendu Bay, o valor do qui-quadrado de Pearson é de 0,000. Este valor indica que existe uma associação significativa entre a disponibilidade de lugares sentados neste terminal e o facto de esses lugares terem componentes acessíveis. Por último, para Kakamega, o valor do qui-quadrado de Pearson é 0,000. Este valor indica que existe uma associação significativa entre a disponibilidade de lugares sentados neste terminal e o facto de estes lugares terem ou não componentes acessíveis.

4.6. Funções dos gabinetes de planeamento na área de estudo

a) Estado dos terminais na área de estudo

Após um inquérito sobre o estado dos terminais, um informador baseado no Gabinete de Planeamento do Condado de Kisumu salientou que, quando o terminal de Kisumu foi criado, eles desempenharam um papel de supervisão, em vez de um papel de aprovação. Um informador explicou a situação da seguinte forma

Quando o terminal de Kisumu foi construído, o pessoal do Comité Consultivo não foi capaz de apontar os erros existentes nos projectos apresentados, uma vez que apenas supervisionou o processo de construção (Arquiteto)

Na área de estudo, existiam algumas barreiras devido ao desgaste, como se destaca a seguir:

A maior parte das barreiras no terminal de Kakamega deve-se ao facto de o terminal ter esgotado a sua vida útil. Como resultado, verificar-se-á que as barreiras nas vias de circulação surgem devido à erosão das descidas e dos pavimentos (Architect).

Verificou-se um cenário semelhante no terminal de Bungoma, onde um informador salientou o seguinte

Atualmente, o terminal de Bungoma tem muitos obstáculos, uma vez que ultrapassou a sua vida útil. O Governo do Condado de Bungoma está a preparar a requalificação do terminal (Planner).

O informador salientou que o Departamento de Planeamento tomaria em consideração os requisitos da UD de modo a garantir que os terminais fossem todos inclusivos. No caso do terminal de Kendu Bay, a área utilizada como terminal de autocarros era ao longo da estrada Katito -Homabay. A área oficialmente designada como terminal de autocarros ainda não foi desenvolvida.

b) Legislação utilizada no controlo do desenvolvimento

Os informadores-chave na área de estudo observaram que a conceção dos terminais de autocarros era regida pelas disposições da Lei do Planeamento Físico. Um informador mencionou o seguinte:

O Departamento de Planeamento Físico refere-se normalmente às seguintes legislações quando aprova desenvolvimentos: a Lei do Planeamento Físico, a Lei da Saúde Pública e o Código da Construção. A autoridade responsável pela aprovação dos planos é o Governo do Condado (Planificador).

Estas disposições das várias legislações destacadas orientaram a preparação e a implementação dos planos de desenvolvimento físico. O investigador observou que a lista fornecida pelo informador não era exaustiva, uma vez que outras legislações que regem o ambiente construído incluem a Lei da Autoridade Nacional da Construção, a Lei das Áreas Urbanas e das Cidades, a Lei das Pessoas com Deficiência, a Constituição do Quénia e a Comissão das Nações Unidas para os Direitos das Pessoas com Deficiência. Os requisitos destas legislações que orientam o controlo do desenvolvimento foram apresentados nas secções seguintes.

Ao perguntar se existiam comités consultivos de acessibilidade na área de estudo, um informador declarou o seguinte:

Existem Comités Consultivos de Acessibilidade na área de estudo. Os seus membros frequentam habitualmente formações periódicas organizadas pela Associação de Arquitectos do Quénia (AAK) ou pelo Instituto de Planeadores do Quénia. Estes comités analisam atempadamente os planos e desenhos dos locais. Devido à existência destes comités, as características de acessibilidade, tais como cortes no passeio, rampas, desenho e localização de grelhas e elevações de nível, têm de ser implementadas nas novas construções (Arquiteto).

O foco dos requisitos de UD na área de estudo parece estar nas novas construções e não nas renovações de estruturas existentes. Esta pode ser uma das razões pelas quais os terminais na área de estudo têm barreiras de conceção que interferem com a acessibilidade das pessoas com deficiência física.

Após uma investigação mais aprofundada sobre se foram concedidos incentivos económicos pelos governos dos respectivos condados para garantir a eliminação das barreiras nos terminais, foi revelado o seguinte:

Os governos municipais não concedem incentivos económicos para garantir a incorporação de características de UD no ambiente construído. No entanto, os promotores de projectos são livres de se candidatarem a organismos que defendam o desenvolvimento sustentável (Planner).

Com esta revelação, surge uma situação paradoxal: há organismos específicos a que se deve recorrer para obter fundos. Por um lado, os terminais de autocarros estão sob o controlo e a gestão dos governos regionais. Por outro lado, os governos dos condados costumam cobrar fundos a esses terminais. A situação ideal seria que os governos municipais específicos estivessem na vanguarda da organização para a renovação dos terminais, em vez de solicitarem fundos aos organismos que defendem a UD. Desta forma, os terminais de autocarros em toda a área de estudo serão inclusivos.

Ao comentar o processo de conceção dos terminais, um informador salientou o seguinte

O estatuto do edifício que está em vigor preocupa-se apenas com questões relacionadas com os materiais utilizados na construção e com a segurança contra incêndios dos potenciais utilizadores de um espaço. Este estatuto não tem em consideração as questões de acesso equitativo, tal como foi explicitado nos requisitos de UD. Existe um Código de Construção revisto que articula claramente as questões de UD. No entanto, este código não foi adotado para utilização (arquiteto).

Por conseguinte, é necessário que o Governo do Quénia adopte e utilize o código de construção revisto, de modo a garantir que as questões relacionadas com o UD se estendam à conceção dos terminais de autocarros e de outras instalações de construção abertas ao público.

Ao comentar o código de construção, um informador declarou

O código de construção tem uma tendência para a disponibilização de espaço dentro de uma unidade de habitação e não de um espaço público (Arquiteto).

Outro informador sugeriu ainda o seguinte:

Uma vez que o atual código de construção ainda está em vigor, os requisitos de DU devem ser incluídos nas circulares e nos planos de desenvolvimento físico, de modo a que o acesso equitativo dos potenciais utilizadores seja incorporado nos planos do projeto antes do seu início, enquanto os termos de referência estão a ser elaborados. Os decisores de um projeto têm um papel fundamental a desempenhar no que diz respeito à aplicação do UD, devendo ser sensibilizados para as normas técnico-espaciais que melhoram o acesso de todos (arquiteto).

Esta observação realça uma questão pertinente de UD que é o nível de consciência de UD entre os promotores de projectos. No caso dos terminais de autocarros, a sensibilização dos ministros ao nível do condado responsáveis pelos terminais traduz-se em terminais acessíveis. Outros actores envolvidos na execução do projeto incluem os membros das Assembleias de Condado que seriam instrumentais na aprovação da legislação necessária para a renovação dos terminais. Os governadores dos condados também devem ser informados sobre as especificações e requisitos do UD. Desta forma, os espaços públicos não serão agentes de exclusão espacial, uma vez que o acesso equitativo será assegurado desde o momento em que os termos de referência para os projectos são elaborados.

Um informador observou o seguinte:

Há necessidade de harmonização entre as legislações que regem a conceção do ambiente construído e as que defendem o acesso equitativo. Este exercício garantirá que as cláusulas que englobam o acesso equitativo, que foram definidas nas legislações, possam ser implementadas enquanto os projectos ainda estão na fase de concetualização (Planner).

c)   Requisitos do Desenho Universal

O investigador questionou se havia disposições para a utilização de símbolos internacionais e universais. Um informador disse o seguinte:

A questão da utilização de símbolos internacionais e universais e da sinalização tátil nos terminais está ainda em curso (Arquiteto).

O investigador observou que nenhum dos terminais de autocarros na área de estudo tinha incorporado símbolos internacionais e universais nos terminais. Uma possível razão para isso pode ser a falta de espaços acessíveis nos terminais. Consequentemente, seria impróprio colocar sinalética a demarcar uma área como acessível, quando a área está cheia de barreiras. Um possível ponto de intervenção seria a remoção das barreiras destacadas, após o que pode ser colocada sinalização adequada nos terminais.

Quando solicitados a comentar o estado da UD nos terminais da área de estudo, foram feitos os seguintes comentários:

Percorremos um longo caminho (Planner) 1-

Temos uma política bem desenvolvida, incluindo a maioria das leis, disposições, regulamentos, etc. necessários, mas ainda há trabalho a fazer neste domínio

(Arquiteto). [1][2]

Outro informador afirmou:
Estamos a melhorar, mas lentamente (Planner). [3]
Outro informador observou:
O quadro jurídico utilizado no processo de conceção dos terminais é orientado principalmente para o desenho universal/desenho para todos e não principalmente para as pessoas com deficiência enquanto grupo específico (Planner).[4]

Embora estas observações sejam louváveis, a realidade no terreno confirma que os terminais de autocarros estão cheios de barreiras de conceção que dificultam a mobilidade, a independência e a inclusão espacial dos utilizadores que não se enquadram num modelo normalizado.

d) Remoção de barreiras em curso em Termini

Quando solicitados a comentar a influência de vários grupos e factores no desenvolvimento de um quadro jurídico que defenda o acesso equitativo nos últimos cinco anos, foram feitos os seguintes comentários:

Até à data, os políticos têm tido um impacto reduzido no desenvolvimento de um quadro jurídico que defenda o acesso equitativo (Planner).

Outro informador disse o seguinte:

Os grupos de utilizadores tiveram um fator de impacto baixo, embora os peritos tenham tido uma influência moderada. O desenvolvimento noutros países também teve um impacto reduzido na execução dos projectos até à data (Planner).

Uma análise mais aprofundada destes comentários revela que, uma vez que os grupos de utilizadores têm tido um baixo fator de impacto na articulação de questões que afectam as legislações que regem o controlo do desenvolvimento, não têm tido em conta as necessidades espaciais das pessoas que utilizam dispositivos de assistência. Outro ponto destacado por estes comentários é que, uma vez que o desenvolvimento noutros países tem tido um impacto reduzido nas legislações utilizadas localmente, os

---

[1] Comentário feito no Gabinete de Planeamento do Condado de Bungoma
[2] Comentário feito no Gabinete de Planeamento de Kisumu
[3] Comentário feito no Gabinete de Planeamento de Bungoma
[4] Comentário feito no Gabinete de Planeamento de Kakamega

países em que o estudo se inseriu não se envolveram num exercício de avaliação comparativa nos últimos cinco anos. Consequentemente, o pessoal do gabinete de planeamento não aprendeu com as boas práticas de outros países que conseguiram implementar o desenvolvimento universal.

Quando solicitado a esclarecer a presença de sistemas de indicadores sobre a acessibilidade dos sistemas de transportes públicos, foi feito o seguinte comentário:

Não foi desenvolvido qualquer sistema de indicadores para medir a evolução da acessibilidade dos sistemas de transportes públicos, quer para partes específicas da cadeia de deslocações, quer para toda a cadeia de deslocações (Architect).

A ausência de um tal sistema de indicadores significa que as barreiras que surgem devido ao desgaste não foram tratadas. Além disso, a remoção contínua de barreiras não é atualmente vista como uma obrigação pelos Governos dos Condados. Com base nos comentários apresentados nas secções acima, torna-se claro que, por mais que os governos distritais tenham declarado que estão empenhados em UD nos terminais rodoviários, os factos no terreno contestam esta afirmação.

Petre'n (2014) confirma que a conceção de ambientes construídos pode excluir ou incluir, dependendo da qualidade da execução e das decisões subjacentes à mesma. Com base nos resultados do estudo, torna-se claro que parece existir uma desconexão entre a construção e a manutenção de terminais e os conhecimentos de UD do pessoal do Gabinete de Planeamento. O investigador confirmou que o pessoal dos gabinetes de planeamento em toda a área de estudo parecia ter muito conhecimento sobre questões de UD. Apesar deste conhecimento, os terminais na área de estudo estavam cheios de barreiras que dificultavam a mobilidade, a segurança e a independência das pessoas com deficiência física. Por extensão, uma maior percentagem da população experimentou estas barreiras sempre que utilizou os terminais. Esta percentagem incluiria viajantes com bagagem com rodízios, grávidas, viajantes obesos e outros com incapacidades permanentes ou temporárias.

Lewis, McQuade e Thomas (2004) apresentam um forte argumento de que a maioria dos ambientes é concebida para o indivíduo médio. O indivíduo médio é um mito que só existe nas tabelas antropométricas e nas salas de aula de ergonomia. Uma das tarefas mais importantes da sociedade atual é criar e construir mundos habitáveis para todas as pessoas e construir mundos habitáveis para todas as pessoas ao longo da sua vida (Petre'n, 2014). Isto implica que o ponto de partida não deve ser uma ficção de uma pessoa normal, média, mas diversa em todos os aspetos (Lid, 2013).

A presença de barreiras de conceção na área de estudo evidencia o facto de os terminais na parte ocidental do Quénia serem concebidos tendo em mente o indivíduo comum. Consequentemente, os espaços e as instalações dos terminais não satisfazem as necessidades da maioria dos utilizadores. Este cenário leva à exclusão espacial dos indivíduos que não são "privilegiados" para se adaptarem aos espaços apresentados nos terminais.

Uma vez que os planeadores e projectistas conhecem bem os requisitos do UD, o ponto de intervenção mais óbvio é planear a renovação dos terminais em toda a área de estudo. Estas renovações devem ser delineadas de forma a que os projectos se afastem do utilizador fictício das áreas públicas. As renovações ajudarão a garantir que os terminais sejam acessíveis a todos, independentemente do seu estado físico. De facto, os espaços flexíveis servirão os indivíduos independentemente da sua idade ou capacidade física.

O design para todos (DfA) é uma abordagem geral à tomada de decisões, ao planeamento e à conceção que representa um novo paradigma que passa da "pessoa média" para a diversidade humana como ponto de partida para a tomada de decisões e o processo de conceção. A abordagem DfA é uma resposta de conceção aos grandes desafios societais, sendo um dos maiores o facto de permitir que o maior número possível de pessoas viva de forma independente e participe em tudo o que constitui a sociedade. A abordagem e a metodologia DfA vão para além dos regulamentos e normas, traduzindo os desafios societais em oportunidades criativas (Petre'n, 2014).

Desta forma, o ónus da inclusão torna-se uma prerrogativa tanto para os planeadores como para os designers. Os planeadores criariam o quadro jurídico necessário, enquanto os designers incorporariam estratégias que tornariam forte a pessoa mais fraca da sociedade através do design. Relativamente à manutenção dos terminais, os informadores confirmaram que não foram desenvolvidos sistemas de indicadores para medir a evolução da acessibilidade dos sistemas de transportes públicos. Consequentemente, as barreiras resultantes do desgaste demoram muito tempo a ser resolvidas. Jonsson (2014) observa que a conceção pode ser considerada como um processo finito que termina numa infraestrutura ou num produto, ou pode ser considerada como um processo infinito que inclui acções e utilizações no próprio momento.

No contexto da área de estudo, é necessário reconhecer o facto de que, embora os terminais tenham sido construídos, os projectistas não devem assumir que a sua tarefa está concluída. Em vez disso, devem ser efectuadas avaliações periódicas dos componentes do terminal à luz dos requisitos de UD. Uma vez feito isso, as barreiras decorrentes do desgaste podem ser eliminadas.

Jonsson (2014) refere ainda que o design nunca é neutro, tem efeitos na existência e no comportamento humanos. O desafio existente na área de estudo é, portanto, que os planeadores e designers reconheçam que os desenhos têm um efeito nos utilizadores de um espaço público, muito depois de um projeto ter sido concluído e encomendado. Na área de estudo, a presença de barreiras afecta negativamente a acessibilidade. A presença de barreiras dificulta a independência, a mobilidade e a inclusão espacial de alguns segmentos da sociedade. O objetivo é, portanto, garantir que os projectos implementados em espaços públicos como terminais aumentem a inclusão de todos os potenciais utilizadores - independentemente da sua estatura física.

Os ambientes facilitadores são aqueles que incentivam a participação e a inclusão das pessoas com deficiência na vida social. Tais ambientes requerem que a acessibilidade esteja enraizada na indústria da construção e que as normas de acessibilidade e a UD sejam a principal ferramenta para criar ambientes propícios (Issa Abdou, 2014). Os planeadores e projectistas devem, por conseguinte, esforçar-se por garantir que os projectos de terminais de autocarros cumpram os requisitos mínimos de acesso equitativo no que diz respeito à UD. Os planeadores e projectistas têm, portanto, a obrigação de assegurar a criação de ambientes favoráveis. O reequipamento dos terminais também pode ser uma forma de garantir o acesso de todos. A incorporação de parâmetros de UD nos projectos de terminais de autocarros ajudará a eliminar barreiras incapacitantes que têm um efeito negativo na capacidade das pessoas de navegarem pelos espaços de forma independente e segura.

Nos últimos tempos, tem-se assistido ao aparecimento de uma filosofia universal para o conforto ambiental e dos produtos. A segurança e a facilidade de utilização foram adoptadas em todo o mundo como a principal agenda de design. A universalidade tornou-se a norma pela qual a excelência do design é medida e reconhecida. Ao examinar as abordagens e intervenções bem sucedidas, os profissionais são confrontados com um projeto e orientações para realizações futuras e um mundo de equidade através do design (Moore, 2014). O ónus é aqui colocado nos planeadores e projectistas da área de estudo para examinarem exemplos de "Melhores Práticas" e estabelecerem áreas onde possam aprender com histórias de sucesso de outros países. Este passo pode ser a base para o fornecimento de terminais acessíveis que cumpram as normas de UD.

Kar e Mullick (2014) propõem que o planeamento interdisciplinar, o acompanhamento, a implementação e a avaliação de uma determinada conceção são importantes. Os aspectos importantes de um processo de UD incluem: holístico e interdisciplinar, baseado no design centrado no utilizador, adoção e aplicação de directrizes e normas de acessibilidade, desenvolvimento iterativo, foco nos utilizadores com diversas necessidades de acessibilidade e nos seus contextos de utilização no início e ao longo do processo de desenvolvimento, avaliações empíricas e foco na experiência do utilizador como um todo. Este estudo estabeleceu que a conceção dos espaços públicos transmite normalmente sinais não verbais à população. Por um lado, as pessoas que não se conseguem adaptar a um determinado espaço recebem sinais não verbais que afirmam o facto de não serem consideradas potenciais utilizadores de um determinado espaço. Com base nesta comunicação, os terminais inacessíveis argumentam que os corpos com deficiência não são dignos de inclusão, uma vez que as pessoas com deficiência não são consideradas potenciais habitantes do espaço.

Hamraie (2013) explica ainda que, embora os designers não criem categorias sociais, desempenham um papel fundamental na criação do enquadramento físico em que o socialmente aceitável é celebrado e o inaceitável é confinado e contido. Assim, quando qualquer grupo que tenha sido fisicamente segregado ou excluído protesta contra o seu estatuto de segunda classe, os seus membros estão, de facto, a desafiar a forma como os designers exercem a sua profissão (Hamraie, 2013). Um possível ponto de intervenção na área de estudo para o cumprimento do UD na área de estudo seria a renovação de terminais para que os planeadores e designers possam aplicar os conhecimentos de UD que têm à sua guarda.

Três abordagens intersectadas para o desenvolvimento sustentável que contribuem para o seu avanço são: reforçar os regulamentos para aumentar a base de referência aceitável; difundir o conhecimento através da palavra, do ensino e da escrita; e criar apoio através da defesa e da representação (Ruptash, 2013). Estas três abordagens ajudarão a incorporar o desenvolvimento sustentável no ambiente construído. Desta forma, os projectistas de instalações públicas podem ter em conta a diversidade total da população potencialmente utilizadora. Para além disso, as pessoas que normalmente são consideradas como tendo uma deficiência são apenas uma pequena parte da população de pessoas com funcionalidade reduzida. A grande maioria das pessoas tem uma funcionalidade significativamente inferior à norma, e a maior parte das pessoas passa por fases em que fica temporariamente incapacitada devido a acidentes, álcool, drogas, stress ou mesmo fadiga (Newell e Gregor, 2002).

Apesar do avanço dos padrões mínimos para o DUD, é importante lembrar que, na base deste paradigma, o DUD deve ser interpretado como o respeito pela dignidade humana. Se for separada da condição humana, existe o risco de a deficiência ser reduzida a um padrão mínimo e, assim, não desenvolver todo o seu potencial democrático (Lid, 2013). Em conclusão, o modelo social da deficiência apresenta um forte argumento de que a discriminação contra as pessoas com deficiência só pode acabar quando as barreiras colocadas pela sociedade forem derrubadas (Paar e Butler, 1999). Os projectistas e planeadores de terminais têm, portanto, um papel fundamental a desempenhar para tornar esta observação uma realidade. A conceção dos terminais não deve, portanto, encorajar a formação de barreiras que privilegiem certas pessoas e excluam outras.

4.7.   Revisão dos parâmetros legais que regem o Desenho Universal no Quénia ,

A partir das entrevistas com os informadores-chave, o investigador concluiu que os planeadores e projectistas estavam cientes dos requisitos de DU. Os informadores referiram ainda que os seus conhecimentos provinham da formação contínua e da sensibilização para as cláusulas de UD estipuladas na legislação do Quénia. A presente secção apresenta uma análise dos instrumentos jurídicos que têm uma influência direta na conceção de terminais. Estas leis foram promulgadas, ratificadas ou transpostas para o direito interno pelo Governo do Quénia. As legislações em análise incluem: A Constituição do Quénia (2010), a Convenção das Nações Unidas sobre os Direitos das Pessoas com Deficiência (2006), a Lei das Pessoas com Deficiência, a Lei do Planeamento Físico (1996), o Código da Construção (1968), a Lei da Autoridade Nacional da Construção (2011), a Lei das Áreas Urbanas e Cidades (2011).

a)   Código da Construção (1968)

A Tabela 4.29 apresenta uma análise das secções do código da construção relacionadas com o processo de conceção.

Quadro 4.29: Revisão do código de construção

Particularidades	Observações
Parte I - Introdução	Esta secção trata de
Apresentação de projectos. 5. Qualquer pessoa que pretenda construir um edifício ou alterar substancialmente a utilização de um edifício ou de parte de um edifício deve fornecer ao conselho, da forma prevista na Parte A do Primeiro Programa ao presente Estatuto, com as seguintes indicações, se for caso disso	fornecimento de projectos de construção ao Conselho quando se pretende iniciar o desenvolvimento num terreno. A parte a) diz respeito a novos edifícios, a parte b) diz respeito a chaminés, a parte c) diz respeito à alteração ou ampliação de um edifício existente, a parte d) trata da mudança de utilização ou utilizações, a parte e) trata dos trabalhos de drenagem e a parte f) trata de outros tipos de edifícios não abrangidos pelas partes a) a f). A Parte II trata dos requisitos de espaço dentro e à volta dos edifícios. No entanto, não existe
PARTE II - LOCALIZAÇÃO E ESPAÇO SOBRE EDIFÍCIOS	menção de pormenores espaciais requisitos técnicos que reforçam a UD.

No entanto, a Parte I do Código de Construção é omissa em relação às questões de UD. Para melhorar a incorporação do UD nos edifícios, esta secção deve ser revista de modo a incorporar algumas cláusulas sobre requisitos espaciais no que diz respeito à disposição das características dos edifícios públicos e privados. A Parte II do código de construção apresenta um fórum adequado para articular questões de UD no que respeita à conceção de instalações públicas e privadas. No entanto, não se pronuncia sobre estas questões. Um outro aspeto a salientar é que as dimensões aqui utilizadas são em pés, enquanto a maioria dos manuais de UD utilizam medidas métricas. A conversão de pés para mm também pode levar à perda de algumas dimensões. Além disso, uma vez que o código é omisso em relação a questões de UD, os projectos de desenvolvimento inacessíveis serão aprovados e, consequentemente, será reforçada a exclusão espacial em curso de pessoas que não se enquadram no modelo normalizado. O código de construção, na sua forma atual, não cumpre os requisitos da Teoria Urbana Crítica, que defende os direitos dos vulneráveis à cidade.

b) Convenção das Nações Unidas sobre os Direitos das Pessoas com Deficiência (2006)

No Quadro 4.30 são apresentados excertos da CNUDPD que dizem respeito de acesso para pessoas com deficiência e pessoas com deficiência.

Quadro 4.30: Revisão da CNUDPD

Particularidades	Observações
Artigo 1.o Objetivo O objetivo do presente	O Quénia é signatário deste
A Convenção tem por objetivo promover, proteger e assegurar o exercício pleno e equitativo de todos os direitos humanos e liberdades fundamentais por todas as pessoas com deficiência e promover o respeito pela sua dignidade inerente.	A Convenção sobre a Proteção dos Direitos das Pessoas com Deficiência é, por conseguinte, parte interessada na garantia da igualdade de direitos das pessoas com deficiência. A disponibilização de terminais acessíveis defende a dignidade das pessoas com deficiência.
Artigo 2.o "Discriminação com base na deficiência" significa qualquer distinção, exclusão ou restrição com base na deficiência que tenha por objetivo ou efeito prejudicar o usufruto em condições de igualdade com os outros. Inclui todas as formas de discriminação, incluindo a recusa de alojamento razoável;	O artigo 2.º desta convenção faz referência à exclusão das pessoas com deficiência. Por conseguinte, os terminais inacessíveis são contrários ao disposto no artigo 2. As barreiras aumentam a exclusão espacial e, por conseguinte, aumentam a discriminação contra as pessoas com deficiência. Nos casos em que os viajantes ambulantes são os únicos capazes de aceder aos espaços nos terminais, enquanto os utilizadores de cadeiras de rodas e os deficientes ambulantes são barrados, aumenta a discriminação

	contra as pessoas com deficiência.
"Desenho universal" significa a conceção de produtos, ambientes, programas e serviços que possam ser utilizados por todas as pessoas, na maior medida possível, sem necessidade de adaptação ou de desenho especializado. "Desenho universal A "conceção" não exclui dispositivos de assistência a grupos específicos de pessoas com deficiência, sempre que tal seja necessário.	O artigo 2.º também menciona as "adaptações razoáveis" e o "desenho universal". No contexto dos terminais, estes termos articulam a disponibilização de instalações que aumentam a independência e a segurança de todos, incluindo as pessoas com deficiência.
Artigo 3 Princípios gerais Os princípios da atual A Convenção será: (*a*) Respeito pela dignidade inerente, autonomia individual, incluindo	Os terminais acessíveis respeitam os princípios gerais estabelecidos pela Convenção.
a liberdade de fazer as suas próprias escolhas e a independência das pessoas; *(b)* Não discriminação; (*c*) Participação plena e efectiva e inclusão na sociedade; *(d)* Respeito pela diferença e aceitação das pessoas com	

deficiência como parte da diversidade humana e da humanidade; *(e)* Igualdade de oportunidades; *(f)* Acessibilidade; (*g*) Igualdade entre homens e mulheres; (*h*) Respeito pelas capacidades em evolução das crianças com deficiência e respeito pelo direito das crianças com deficiência a preservarem a sua identidade.	
Artigo 4 Obrigações gerais 1. Os Estados Partes comprometem-se a assegurar e a promover a plena realização de todos os direitos humanos e liberdades fundamentais de todas as pessoas com deficiência, sem qualquer tipo de discriminação em razão da deficiência. Para o efeito, os Estados Partes comprometem-se a (*a*) Adotar todas as medidas legislativas, administrativas e outras medidas adequadas para a aplicação dos direitos reconhecidos na presente Convenção;	O ónus da disponibilização de terminais acessíveis é uma obrigação que os Estados têm para com os seus membros. Uma vez que o Quénia é signatário desta Convenção, é-lhe exigido que ponha em prática estratégias para a realização dos princípios desta Convenção. A presença de barreiras nos terminais da área de estudo confirma que o Quénia ainda não cumpriu plenamente as suas obrigações.

Artigo 8 Sensibilização 1. Os Estados Partes comprometem-se a adotar medidas imediatas, eficazes e	O presente artigo aborda a questão das barreiras atitudinais e a forma como o Estado pode atuar para as combater.
medidas adequadas: (*a*) Sensibilizar toda a sociedade, incluindo a nível familiar, para as pessoas com deficiência e promover o respeito pelos direitos e pela dignidade das pessoas com deficiência; (*b*) Combater os estereótipos, os preconceitos e as práticas nocivas relacionados com as pessoas com deficiência, incluindo os baseados no sexo e na idade, em todos os domínios da vida; (*c*) Promover a sensibilização para as capacidades e contributos das pessoas com deficiência.	mesmo. A presença de atitudes negativas em relação às pessoas com deficiência por parte dos utilizadores não deficientes dos terminais confirma a necessidade de um esforço acrescido neste sentido, para que as atitudes negativas sejam combatidas.
Artigo 9 Acessibilidade 1. Permitir às pessoas com	Este artigo aborda a questão do acesso equitativo aos terminais. Salienta a necessidade de
para viver de forma independente e participar plenamente em todos os aspectos da vida, os Estados Partes tomam as medidas adequadas para garantir às pessoas com deficiência	identificação e eliminação de obstáculos e barreiras à acessibilidade. O presente estudo respeita, em parte, a parte que preconiza a identificação das

o acesso, em condições de igualdade com as demais pessoas, ao ambiente físico. Essas medidas, que devem incluir a identificação e a eliminação de obstáculos e barreiras à acessibilidade, devem ser adoptadas por todos os Estados Partes. 2. Os Estados Partes tomarão igualmente as medidas adequadas: (*a*) Desenvolver, promulgar e monitorizar a aplicação de normas mínimas e orientações para a acessibilidade das instalações disponibilizadas ao público;	barreiras.

A Convenção das Nações Unidas sobre os Direitos das Pessoas com

A Convenção das Nações Unidas sobre os Direitos das Pessoas com Deficiência articula claramente as questões relacionadas com a deficiência e as obrigações que

Os governos têm para com a sua população. Na domesticação desta Convenção, o país deve desenvolver parâmetros específicos que orientem o desenvolvimento. Estes parâmetros devem estar alinhados com os requisitos da UD no que respeita às dimensões dos espaços. A Convenção também prevê a identificação e eliminação de obstáculos em áreas públicas e privadas.

Este estudo identificou obstáculos em terminais na parte ocidental do Quénia. O próximo passo consiste em remodelar estes terminais de modo a garantir que sejam acessíveis a todos, independentemente do seu estado físico. Ao fazer referência a uma citação de Lefebvre (1976) que afirma que, para alargar o possível, é necessário proclamar e desejar o impossível, Pinder (2015) explica que a ação e a estratégia consistem em tornar possível amanhã o que é impossível hoje.

As disposições estabelecidas pela UNCRPD fornecem uma plataforma através da qual o país pode utilizar a disponibilização de ambientes acessíveis. Estas disposições estão de acordo com a proposta de que a Teoria Urbana Crítica pode ser associada ao Planeamento Urbano. Isto pode ser feito através da exposição das raízes subjacentes de um problema, da proposta de uma solução com as pessoas afectadas e da organização de propostas que informem a ação (Brenner, Marcuse e Mayer, 2015).

Na área de estudo, a primeira secção desta proposta foi concretizada, uma vez que as barreiras existentes na área de estudo foram expostas. As duas etapas críticas restantes exigiriam a contribuição dos governos dos condados na área de estudo.

c) A Constituição do Quénia (2010)

No Quadro 4.31 são apresentados excertos da Constituição do Quénia e a forma como esta se relaciona com o acesso para todos.

Quadro 4.31: A Constituição do Quénia

Particularidades	Observações
27. Igualdade e ausência de discriminação (1) Todas as pessoas são iguais perante a lei e têm direito a igual proteção e igual benefício da lei. (2) A igualdade inclui o gozo pleno e equitativo de todos os direitos e liberdades fundamentais. (4) O Estado não discriminará direta ou indiretamente qualquer pessoa por qualquer motivo, incluindo raça, sexo, gravidez, estado civil, estado de saúde, origem étnica ou social, cor,	O artigo 27.º da Constituição consagra o empenhamento do país em garantir a igualdade e a ausência de discriminação. A existência de barreiras, tanto físicas como de atitude, vai contra o espírito deste artigo.
idade, deficiência, religião, consciência, crença, cultura, vestuário, língua ou nascimento. (5) Uma pessoa não deve discriminar direta ou indiretamente outra pessoa por qualquer dos motivos especificados ou contemplados na cláusula (4). 28. Dignidade humana Todas as pessoas têm uma dignidade inerente e o direito de ver essa dignidade respeitada e protegida.	Nos casos em que os espaços nos terminais levam à exclusão das pessoas que não podem "caber", a dignidade das pessoas com deficiência não é respeitada.

46. Direitos dos consumidores (1) Os consumidores têm o direito de (*a*) a bens e serviços de qualidade razoável; *(c)* à proteção da sua saúde, segurança e bem-estar económico interesses; e *(d)* à indemnização por perdas e danos resultantes de defeitos dos bens ou serviços.	O artigo 46° diz respeito aos direitos dos consumidores. A presença de barreiras nos terminais viola os direitos das pessoas que são "desajustadas em termos espaciais". As pessoas que têm a sua mobilidade e independência dificultadas nos terminais têm direito a uma indemnização, como já foi referido.
	descrito na alínea d).
54. pessoas com deficiência (1) Uma pessoa com qualquer deficiência tem direito a (*a*) ser tratado com dignidade e respeito e ser contactado e referidos de uma forma que não seja humilhante; (*c*) a um acesso razoável a todos os locais, transportes públicos e informações; *(d)* Utilizar a língua gestual, o Braille ou outros meios de comunicação adequados; e (*e*) ter acesso a materiais e dispositivos para superar as limitações decorrentes da deficiência da pessoa.	O artigo 54.° trata dos direitos específicos das pessoas com deficiência. A presença de barreiras nos terminais é contrária às disposições desta cláusula.

A Constituição do Quénia (2010) fornece uma base para o desenvolvimento universal na República, uma vez que menciona a dignidade inerente a todos, incluindo as pessoas com deficiência. Além disso, a Constituição afirma que todos os consumidores têm direitos que não devem ser violados. A Constituição também aborda a questão das barreiras atitudinais e a forma como estas devem ser eliminadas.

ser resolvido. Na área de estudo, os terminais apresentavam barreiras físicas e atitudinais que dificultavam o usufruto desses espaços pelas pessoas com deficiência. Atualmente, alguns requisitos da constituição apresentam um estado ideal, que o país ainda não alcançou, no que diz respeito à questão do acesso aos terminais.

d) Lei do Planeamento Físico (1996)

No Quadro 4.32 são apresentados excertos da Lei do Planeamento Físico que tratam do controlo do desenvolvimento.

Quadro 4.32: Excertos sobre o controlo do desenvolvimento da Lei do Planeamento Físico

Particularidades	Observações
O Comité de Ligação para o Planeamento Físico tem, pelo menos, um arquiteto com assento no Conselho de Administração (Parte III, Secção 3) Membros cooptados dos comités de ligação (Parte III, Secção 9) O comité de ligação pode cooptar outras pessoas que considere adequadas para o assistirem no seu trabalho	Esta secção da Lei do Planeamento Físico define os membros dos comités de ligação. Um arquiteto tem assento neste Conselho e está prevista a cooptação de membros para o comité de ligação. Uma vez que o DU é ainda um conceito em evolução no Quénia, os comités de ligação
deliberações.	em toda a república podem recorrer a um perito em UD, caso seja necessário, para que os planos aprovados cumpram as normas mínimas exigidas para um acesso equitativo de todos.
PARTE V - CONTROLO DO DESENVOLVIMENTO (Secção 29) c) Apreciar e aprovar todos os pedidos de desenvolvimento e conceder todas as autorizações de desenvolvimento; (d) Assegurar a correcta execução e implementação dos planos de desenvolvimento físico aprovados;	Os requisitos destacados na secção c constituem um ponto de controlo em que os planos de desenvolvimento são obrigados a ter características que reforcem a inclusão espacial de todos. A aplicação da secção d fornece uma base para a monitorização e avaliação contínuas dos planos

	aprovados, de modo a que os componentes do ambiente construído cumpram as normas de UD estabelecidas.

e)   **Lei da Autoridade Nacional da Construção (2011)**

Na Tabela 4.33 são apresentados excertos da Lei da Autoridade Nacional da Construção e a sua relação com a UD.

Tabela 4.33: Excertos da Lei da Autoridade Nacional da Construção

Particularidades	Observações
PARTE II - A AUTORIDADE NACIONAL DA CONSTRUÇÃO Secção 5. Funções da Autoridade (1) A Autoridade foi criada com o objetivo de supervisionar o sector da construção e coordenar o seu desenvolvimento. (2) Sem prejuízo da generalidade da subsecção (1), a Autoridade deve (a) Promover e estimular o desenvolvimento, a melhoria e a expansão da construção	Esta secção destaca as formas específicas através das quais a Autoridade Nacional da Construção pode assegurar a incorporação de características de UD nas construções. A Autoridade Nacional da Construção pode contactar os Estados parceiros que tenham
indústria; (b) Aconselhar e fazer recomendações ao Ministro sobre questões que afectam ou estão relacionadas com a indústria da construção; (c) realizar ou encomendar investigação sobre qualquer assunto relacionado com o sector da construção; (e) Prestar assistência na exportação de serviços de construção conexos para o sector da construção;	conseguiu estabelecer acesso para todos. Isto pode implicar aprender com áreas que exposição "Melhores práticas em UD". A ANC pode também tomar a iniciativa de publicar um UD manual que indica requisitos mínimos para várias instalações. Além disso, o

(f) Prestar serviços de consultoria e assessoria no domínio da construção; (g) Promover e assegurar a garantia de qualidade na construção indústria; (j) fornecer, promover, rever e coordenar programas de formação organizados por centros de formação acreditados públicos e privados para trabalhadores qualificados da construção e	Os programas de formação referidos na secção (j) podem ser utilizados para sensibilizar os trabalhadores do estaleiro e outros profissionais do sector da construção sobre o UD especificações e requisitos.
supervisores de estaleiros de construção; (k) acreditar e registar os contratantes e regulamentar as suas actividades profissionais; (l) acreditar e certificar trabalhadores qualificados da construção civil e supervisores de estaleiros de construção; (m)elaborar e publicar um código de conduta para o sector da construção;	O código de conduta na secção (m) pode ser utilizado como uma ferramenta para articular questões de UD

f) Lei das Áreas Urbanas e das Cidades (2011)

A Tabela 4.34 apresenta excertos da Lei das Áreas e Cidades Urbanas e a sua relação com o acesso equitativo para todos os cidadãos do Quénia.

Tabela 4.34: Excertos da Lei das Áreas Urbanas e Cidades

Particularidades	Observações
21. Competências dos conselhos de cidades e municípios	A alínea d) da presente secção pode ser utilizada para promover a prestação de
(1) Sob reserva da Constituição e de qualquer outra lei escrita, o conselho de uma cidade ou município deve, na sua área de jurisdição	termini cuja conceção defende a dignidade de todos, tal como previsto no artigo 27.º da Constituição do Quénia.
(d) promover os valores e princípios constitucionais; (e) assegurar a aplicação e o cumprimento das políticas formuladas tanto pelo governo nacional como pelo governo do condado;	A alínea e) atribui o ónus da execução das políticas a os conselhos de administração das cidades ou municípios. O Quénia tem em vigor políticas e leis que defendem o acesso equitativo de todos aos espaços públicos.
22. Fóruns de Cidadãos (1) Sem prejuízo do disposto no segundo anexo, os residentes de uma cidade, município ou vila podem (a) Deliberar e apresentar propostas aos organismos ou instituições competentes sobre (i) a prestação de serviços; (ii) questões propostas para	Esta secção fornece uma base para que as pessoas lesadas possam exprimir as suas preocupações. A exclusão espacial nos terminais é uma área em que os cidadãos afectados podem fazer ouvir a sua voz.

inclusão nas políticas e na legislação do município; (vi) qualquer outro assunto de interesse para os cidadãos; 36. Objectivos do planeamento integrado das zonas urbanas e do desenvolvimento das cidades (1) Todas as cidades e municípios criados ao abrigo da presente lei devem funcionar no quadro de um planeamento integrado do desenvolvimento que deve (c) Contribuir para a proteção e a promoção dos direitos e liberdades fundamentais consagrados no capítulo IV da Constituição e na realização progressiva dos direitos socioeconómicos;	O capítulo 4 do Constituição, Secção 19, A subsecção 5(b) estabelece que "em na afetação dos recursos, o Estado deve assegurar prioritariamente o mais amplo usufruto possível do direito, tendo em conta as circunstâncias existentes, incluindo a vulnerabilidade de determinados grupos ou indivíduos". A disponibilização de terminais acessíveis promove a necessidade de inclusão das pessoas com deficiência, defendendo assim os seus direitos sociais.

g) Lei das Pessoas com Deficiência (2003)

No Quadro 4.35 são apresentadas secções da Lei das Pessoas com Deficiência.

1Tabela **4.35: Excertos da Lei das Pessoas com Deficiência**

Particularidades	Observações
7. Funções do Conselho (b) Formular e desenvolver medidas e políticas destinadas a (iii) aconselhar o Ministro sobre as disposições de qualquer tratado ou acordo internacional relacionado com o bem-estar ou a reabilitação de pessoas com deficiência e os seus benefícios para o país; (iv) recomendar medidas para evitar a discriminação das pessoas com deficiência;	A UNCRPD é um documento que define claramente as obrigações dos Estados em garantir o acesso a todos através da implementação de padrões de UD. O Conselho Nacional para as Pessoas com Deficiência pode fazer um esforço concertado para sensibilizar o pessoal diretamente envolvido na disponibilização de terminais acessíveis. As medidas propostas pelo Conselho podem ajudar a eliminar as barreiras atitudinais que os
d) Proporcionar i) em geral, a realização de medidas de informação do público sobre os direitos das pessoas com deficiência e as disposições da presente lei;	utilizadores não deficientes dos terminais.
PARTE III - DIREITOS E PRIVILÉGIOS DE PESSOAS COM DEFICIÊNCIA 21. Acessibilidade e mobilidade As pessoas com deficiência têm	Os terminais são equipamentos sociais para uso do público e devem, por conseguinte, enquadrar-se nas especificações avançadas pela Secção 21. As ordens de ajustamento

direito a um ambiente sem barreiras e favorável à deficiência, que lhes permita ter acesso a edifícios, estradas e outros equipamentos sociais, bem como a dispositivos de assistência e outros equipamentos que favoreçam a sua mobilidade. 24. Ordens de ajustamento (1) A presente secção aplica-se a: a) Quaisquer instalações em que	especificam geralmente as características exactas que apresentam barreiras e apelam também
os membros do público são normalmente admitidos, mediante pagamento de uma taxa ou de outra forma; e (b) Quaisquer serviços ou comodidades normalmente fornecidos aos membros do público. (2) Sem prejuízo do disposto na secção 22, se o Conselho considerar que quaisquer instalações, serviços ou comodidades são inacessíveis a pessoas com deficiência devido a qualquer impedimento estrutural, físico, administrativo ou de outra natureza, o Conselho pode, sob reserva da presente secção, notificar o proprietário de	para a eliminação das mesmas, de modo a melhorar o acesso das pessoas com deficiência.

as instalações ou o prestador dos serviços ou comodidades em causa uma ordem de ajustamento.	
27. Despachos de ajustamento contra	
Instituições governamentais (1) O Conselho não notificará uma decisão de ajustamento a (a) qualquer hospital, lar de idosos ou clínica controlada ou gerida pela Governo ou registado ao abrigo da Lei da Saúde Pública (Cap. 242), exceto com o consentimento do Ministro responsável pela saúde; ou (b) qualquer escola ou instituição de ensino ou formação controlada ou gerida pelo Governo ou registada ao abrigo da Lei da Educação (Cap. 211), exceto com o consentimento do ministro responsável pela administração da instituição ou da lei em causa.	O Conselho pode procurar obter uma audiência com os ministros dos respectivos condados a quem compete a conceção e a gestão dos terminais de autocarros, com vista a especificar formas específicas de tornar estas instalações acessíveis às pessoas com deficiência.

O Conselho Nacional para as Pessoas com Deficiência (NCPwD) tem à sua disposição ferramentas para garantir que a UD seja melhorada no ambiente construído. A PDA (2003) atribui ao NCPwD um mandato para aconselhar o governo sobre as formas de alcançar um acesso equitativo para as pessoas com deficiência. Na área de estudo, os terminais de autocarros apresentavam numerosas barreiras que dificultavam a mobilidade, a independência e a inclusão espacial dos utentes que não conseguiam entrar no modelo "normalizado" apresentado nesses terminais. Um possível ponto de intervenção é a realização de uma auditoria minuciosa nos ambientes construídos para que a Câmara Municipal possa emitir ordens de ajuste para a remoção das barreiras. Desta forma, será assegurado o acesso de todos.

Em conclusão, constata-se que a análise das legislações apresentadas nas secções anteriores revela que a questão do UD foi abordada implicitamente nas legislações utilizadas pelo país. Um possível ponto de intervenção é a preparação de um manual de UD que seria utilizado em conjunto com o código de construção. Os organismos profissionais, como a Associação de Arquitectos do Quénia, a Sociedade de Design do Quénia, a Autoridade Nacional da Construção e a Associação de Planeamento do Quénia, podem também impor aos seus membros a aplicação de normas de desenvolvimento sustentável nos vários empreendimentos que realizam.

Capítulo Cinco: Conclusões

Apesar da sensibilização dos planeadores e dos projectistas para os requisitos em matéria de UD, os principais terminais de autocarros na parte ocidental do Quénia apresentavam várias barreiras físicas que surgiram devido a práticas de construção inadequadas, por um lado, e ao desgaste, por outro. Atualmente, a área de incidência no que diz respeito às questões de UD são as novas construções. Consequentemente, os terminais de autocarros, embora frequentados por uma parte significativa da população, não foram considerados como um potencial projeto no que diz respeito a UD.

5.1. Recomendações

É necessária uma harmonização entre as legislações que regem a conceção do ambiente construído e as que defendem o acesso equitativo. Além disso, deve ser criada uma unidade de monitorização e avaliação para que as barreiras que surgem devido ao desgaste dos equipamentos sejam identificadas e eliminadas. As legislações existentes que articulam as questões de UD devem ser referidas durante estas renovações.

Referências

Adler, D. (1999). *Metric Handbook: Plannng and Design Data.* Oxford Architectural Press.

Barnes, C. (2011). A deficiência e a importância do design para todos. *Journal of Accessibility and Design for All* 1 (1), 54-79.

Burgstahler, S. (2012). Um objetivo e um processo que podem ser aplicados à conceção de qualquer produto ou ambiente. *Design universal: Processo, princípios e aplicações.* Acedido em 30th abril, 2014de http://www.washington.edu/doit/Brochures/PDF/ud.pdf.

Campbell, J. e Oliver, M. (2000). Disability Politics (Política da Deficiência). Routledge: Londres

Centre for Universal Design (1997). *Os princípios do desenho universal.* Centro para o Design Universal. Recuperado em 30th abril, 2014de http://www.ncsu.edu/ncsu/design/cud/pubs_p/docs/poster.p df.

Condados do Quénia. (2012). Notícias do condado de Kakamega. Recuperado em 22nd abril, 2016, de http://softkenya.com/county/kakamega- county/

Depoy, E. & Gilson. S. (2010). Design e branding da deficiência: Rethinking disability within the 21st Century. *Disability Studies Quarterly* 30.2.

Despouy, L. (1993). *Direitos humanos e pessoas com deficiência.* Centro para os Direitos Humanos. Genebra

Elwan, A. (1999). *Poverty and Diability (Pobreza e Diabilidade).* Relatório sobre o Desenvolvimento Mundial.

Erb, S. e Harris, W. (1999). *Adult disability, poverty and downward mobility (Deficiência adulta, pobreza e mobilidade descendente).* Associação de Estudos do Desenvolvimento.

Freeman, A. (1998). *Percepções de vestuário funcional por pessoas com deficiências físicas: A socio cognitive framework.* John Wiley and Sons

Garland-Thomson R. (1996). Extraordinary Bodies: Figuring Physical Disability in

American Culture and Literature. 1.ª ed. Columbia University Press.

Gleeson, B. (2004). *Geographies of disability (Geografias da deficiência)*. Routledge: Londres

Governo do Quénia. (2004). *A Lei das Pessoas com Deficiência*. Suplemento da Gazeta do Quénia. Nairobi: Government Printer.

Governo do Quénia. (2008). *Relatório preliminar do inquérito nacional do Quénia sobre pessoas com deficiência*. Agência nacional de coordenação para o desenvolvimento da população. Nairobi. Recuperado em 30th abril, 2014 de http://www.afri-can.org/CBR Information/KNSPWPD Prelim Report - Revised.pdf.

Governo do Quénia. (2008). *Relatório preliminar do inquérito nacional do Quénia sobre pessoas com deficiência*. Agência nacional de coordenação para o desenvolvimento da população. Nairobi. Recuperado em 30th abril, 2014 de http://www.afri-can.org/CBR Information/KNSPWPD Prelim Report - Revised.pdf.

Governo do Quénia. (2010). *A Constituição do Quénia*. Suplemento da Gazeta do Quénia. Nairobi: Government Printer.

Governo do Quénia. (2011). *Lei da Autoridade Nacional da Construção*. Suplemento da Gazeta do Quénia. Nairobi: Government Printer.

Governo do Quénia. (2011). *Lei sobre as áreas urbanas e as cidades*. Suplemento da Gazeta do Quénia. Nairobi: Government Printer.

Hamraie, A. (2013). Projetando o acesso coletivo: Uma Teoria Feminista da Deficiência do Desenho Universal. *Centro de Medicina, Saúde e Sociedade.* Universidade de Vanderbilt. Retrieved 20th November,   2014fromhttp://dsq-sds.org/article/view/3871/3411.

Iacono, M., Krizek, K. & El- Geneidy, A. (2010). Medindo a acessibilidade não motorizada: Issues, alternatives and execution. *Journal of Transport Geography, 18*, 133-140. Obtido em 5th agosto,   2014de http://tram.mcgill.ca/Research/Publications/Access_JTG.pd f.

Relatório da Organização Internacional do Trabalho. (2004). *Emprego de pessoas com deficiência; O impacto da legislação (África Oriental). Gabinete* Internacional do Trabalho. Genebra

Issa Abdou, S. (2014). Uma abordagem analítica das políticas de integração das pessoas com deficiência nos países ocidentais e árabes. Estudo de caso: O exemplo americano sueco e o egípcio saudita. *Actas do Universal Design 2014: Três dias de criatividade e diversidade*. (pp 26-34). IOS Press BV: Amesterdão doi: 10.3233/978-1-61499-403-9-26.

Kabando, E & Wuchuan, P. (2014). Falhas no atual código de construção e no processo de elaboração de códigos no Quénia. *Jornal de Investigação Civil e Ambiental.* 6 (5). ISSN 2225-0514.

Recuperado em 20th outubro, 2015de http://www.iiste.org.

Kar G. e Mullick A. (2014). Projetando espaços de trabalho universais. *Actas do Design Universal 2014: Três dias de criatividade e diversidade.* IOS Press BV: Amesterdão. Pg 6979. Doi: 10.3233/978-1-61499-403-9-69.

Khaemba, K. (2014, novembro, 21st). Bungoma, local de nascimento de líderes importantes. *Notícias da Nação.* Pg4. Recuperado em 22nd abril, 2016 de http://www.nation.co.ke/news/Bungoma-Birthplace- of-key-leaders/-/1056/2531228/-/8aa4opz/-/index.html

Kimani M. e Musungu T. (2010). Reforming and Restructuring Planning and Building Laws and Regulations in Kenya for Sustainable Urban Development (Reforma e Reestruturação das Leis e Regulamentos de Planeamento e Construção no Quénia para o Desenvolvimento Urbano Sustentável). *Actas do 46° Congresso da ISOCARP.* Acedido em 18th abril, 2015 de http://www.isocarp.net/data/case_studies/1813.pdf

Lawson, B. (1997). How Designers Think: The Design Process Demystified. Architectural Press

Lewis, C. e Sygall, S. (1997). *Loud, proud and passionate: Including women with disabilities in international development programmes.* MIUSA

Lewis, C., McQuade, J. & Thomas, C. (2004). *Medição das barreiras de acesso físico aos serviços: Investigação "Snapshot" em 4 centros de cidade na Grã-Bretanha.* Acedido em 11th agosto, 2014 da JMU Access Partnership.

Lid M. (2013). Uma perspetiva ética. *Tendências do design universal: Uma antologia com perspetivas globais, aspetos teóricos e exemplos do mundo real.* Recuperado em

6th setembro, 2014 de
http://www.bufetat.no/PageFiles/9564/Trends%20in%20Un   iversal%20Design-%20PDF-%20lannsert%2016.%20januar.pdf.

Lossack R & Grabowski H (2000). A abordagem axiomática na teoria do desenho universal. Primeira conferência internacional sobre design axiomático. *Actas da ICAD2000 Primeira Conferência Internacional sobre Design Axiomático*. 21-23 de junho de 2000. Cambridge.

Mcguire, S. (2011). Os dispositivos de tecnologia assistiva melhoram a vida das crianças. *StudyMode.com*. Recuperado em 10th março, 2013, de http://www.studymode.com/essays/Assistive-Tecnologia-Dispositivos-Melhoram-a-vida-de-811948.html.

McLaren, Philpott S. & Hlophe R. (1996). *Os dispositivos de assistência ajudam efetivamente as pessoas com deficiência?* Recuperado em 10th março, 2013 de http://dpobahamas.webs.com/doassistivedevicesreallyassist disabledpersons.html.

Moore P. (2014). A history of UD: Os exemplos de hoje e as oportunidades de amanhã. *Actas do Universal Design 2014: Três dias de criatividade e diversidade.* IOS Press BV: Amesterdão Doi: 10.3233/978-1-61499-403-9-5. Pg 5- 6

Morris, J. (2005). *O orgulho contra o preconceito.* Woman's Press: Lodon

Regulamentos Nacionais de Construção (2014). *Regulamentos para um ambiente construído mais seguro, atrativo e bem planeado.* Regulamentos nacionais de construção. Governo do Quénia. Nairobi: Government Printer.

Newell, A. & Gregor, P. (2002). Design para pessoas idosas e deficientes - para onde vamos a partir daqui? *Jornal de Acesso Universal Vol. 2:2: 3-7 /.DOI* 10.1007/s10209-002-0031-9.   Recuperado4[th]   junho, 2014 de http://download.springer.com/static/pdf/419/art%253A10.1 007%252Fs10209-002-0031-9.pdf?auth66=1402044181_d57a5f2824cc341a2dddecd232 b573b4&ext=.pdf.

Ochieng', A., Onyango G. & Oracha P. (2010). Architectural Barriers Experienced by People with Physical Disabilities in the Central Business District of Kisumu, Kenya (Barreiras Arquitectónicas Experimentadas por Pessoas com Deficiência Física no

Distrito Central de Negócios de Kisumu, Quénia). *Journal of Disability and International Development*. Vol. 21, (3), pp. 33-36.Retrieved 6th July, 2012 fromhttp://www.zbdw.de.

Paar, H. & Butler, R. (1999). *New geographies of illness, impairment and disability in mind and body spaces*. Em R. Butler e H. Paar Editions. New York: Routledge.

Peloquin, A. (1994). *Projeto residencial sem barreiras*. McGraw

Petre'n F. (2014). Transformando desafios sociais em oportunidades criativas. *Actas do Universal Design 2014: Três dias de criatividade e diversidade*. IOS Press BV: Amesterdão doi: 10.3233/978-1-61499-403-9-11. Pg 3-4. Recuperado em 7th dezembro, 2014.

Preiser, W. (2001). A evolução da avaliação pós-ocupação: Toward universal design evaluation. Em W.F Preiser & E. Ostroff (Eds.). *Universal Design Handbook*. New York: McGraw- Hill.

Preiser, W. (2007). Os Sete Princípios do Desenho Universal na prática do planeamento. Em J. Nasar e J. Evans-Cowley (Eds.). *Universal design and visitability: from accessibility to zoning.* Retrieved30[th] April, 2014 from https://kb.osu.edu/dspace/bitstream/handle/1811/24833/Uni versalDesign&Visitability2007.pdf;jsessionid=BF39A489F 4FDAAE771E3EE606D29CCF0?sequence=2.

Rattray, N., Raskin, S. & Cimino, J. (2008). Investigação participativa sobre design universal e espaço acessível na Universidade do Arizona. *Disability Studies Quarterly*. Volume 28, No.4. Recuperado em 30th abril, 2014 de http://www.dsq-sds.org.

Rudnicks, J. (1990). *Notas sobre a ciência da construção: Acesso para pessoas com deficiências físicas*. Northryde

Ruptash, S. (2013). Como promover o UD através da paixão, do conhecimento e dos regulamentos. Tendências em design universal. *Uma antologia com perspetivas globais, aspetos teóricos e exemplos do mundo real*. Recuperado em 6th setembro, 2014 de http://www.bufetat.no/PageFiles/9564/Trends%20in%20Un iversal%20Design-%20PDF- %20lannsert%2016.%20januar.pdf.

Sawadsri, A. (2011). Incorporação no ambiente construído incapacitante: uma experiência da vida quotidiana. *Forum Ejournal.* Universidade de Newcastle. doi: 1354-5019-2009-01. Pg 53-66.   Recuperado6[th]   junho, 2014 de http://research.ncl.ac.uk/forum.

Steinfeld, E. & Maisel, J. (2012). *Desenho universal: Criar ambientes inclusivos.* John Wiley and sons: Nova Iorque.

Tomasetti, R. (2007). *Construção de edifícios.* Microsoft Encarta. Microsoft Corporation.

Yamane, T. (1967). Statistics. *An introductory analysis* (2nd Ed). Nova Iorque: Harper and Row.

Printed by Books on Demand GmbH, Norderstedt / Germany